景宁白化茶生产技术

JINGNING BAIHUACHA SHENGCHAN JISHU

刘建平　主编

中国农业出版社
北　京

编　委　会

主　　编　刘建平

副 主 编　潘慕华　吴星星　张丽芬

编写人员　刘建平　潘慕华　吴星星

张丽芬　潘明俭　汤伟斌

潘金水　刘桂菜　刘勇勇

刘建平/主编

景宁白化茶生产技术

中国农业出版社

景白1号品种原产地——景宁惠明寺村

景白2号品种嫁接茶园

鹤澄省级现代农业园区——景宁白化茶品种良种化基地

景宁白化茶品种苗圃基地

绿色防控生态茶园

设施化茶园示范基地

采摘白化茶鲜叶

浙江奇尔茶业有限公司标准化茶厂

微波杀青机流水线加工

卷曲形景宁白叶茶

条形景宁白叶茶

景宁白化茶品种制作的红茶产品

Foreword 前 言

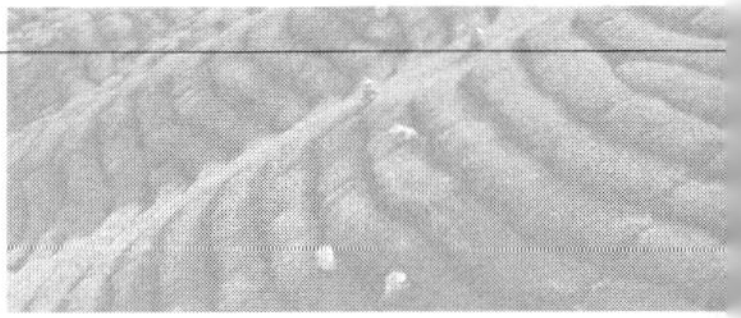

浙江省景宁畲族自治县的白化茶新品种品质独特，得到了茶叶界专家和广大消费者的认可，产品售价高，经济效益显著，亩*产值达12 000～15 000元。景白1号、景白2号两个品种通过审定后产业规模快速扩大，目前全县种植面积达2万多亩，产值达18 340万元，产业粗具规模，已成为畲乡农民增收致富的新亮点。

为了加快景宁白化茶产业化发展，我们针对各个品种的特性以及生产中存在的问题，精心组织编写了《景宁白化茶生产技术》。本书共七章，介绍景宁白化茶品种选育与审定、景宁白化茶品种扦插繁殖、标准化新建茶园建设、茶园培育管理、景宁白化茶加工等技术，着重阐述茶树嫁接罩袋增湿法、地膜覆盖增湿法、沙性土壤扦插繁育法等无性繁殖技术，以及养羊控草生态茶园管理模式。

由于时间仓促，编者水平有限，书中不足在所难免，恭请读者批评指正。

编　者

2020年9月

---

* 亩为非法定计量单位，为方便基层读者使用，本书暂保留。1亩≈667m^2。

CONTENTS 目录

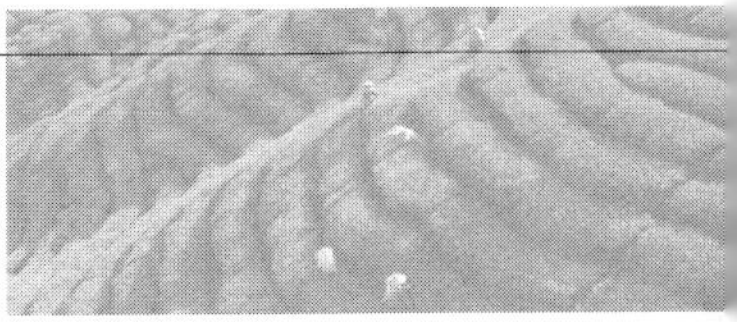

第二章　景宁白化茶品种嫁接繁殖技术

第三章　景宁白化茶品种扦插繁殖

第四章　标准化新建茶园建设

第五章　茶园培育管理

第六章 生态茶园病虫害绿色防控

第七章 景宁白化茶品种采摘与加工工艺技术

第一章 景宁白化茶品种选育与审定

第一节 景宁白化茶种质资源调查筛选

景宁畲族自治县（以下简称景宁县）位于浙江省南端、瓯江上游，地处东经 119°14′～119°58′、北纬 27°39′～28°11′。地域为洞宫山脉中段，地貌以深切割山地为主。发源于洞宫山脉的瓯江支流小溪，自西南向东北贯穿，将县境分为南北两半，形成狭长的溪谷低陷地带；飞云江源头水系支流小溪发源于洞宫山支脉南麓，南流经东坑镇北溪、白鹤等村，纳大白坑后折出章坑村，向南入泰顺县，构成“两山夹一水，众壑闹飞流”的地貌格局，海拔千米以上山峰有 779 座，素有“九山半水半分田”之称，有山地、谷地等地貌类型。茶园以山地为主，土壤均属香灰土、沙黏质红（黄）土，土层深厚肥沃，腐殖质含量普遍较高。

景宁县境内山清水秀，溪流纵横，自然环境得天独厚，生态条件优异，森林覆盖率和绿化率分别高达 79%和 94%，是国家首批生态建设示范县。茶区海拔大部分在 300～700m，气候温暖湿润，年平均气温 15.0～16.4℃，7 月气温24.8～26.6℃，年降水量1 667～1 989mm，≥10℃积温4 532～5 010℃，属茶树一类种植适生区。地处两江流域内的茶区，夏季经太阳辐射蒸发，空气中水汽充足，气流的上下对流作用使夏季多雷雨天气，雨后气温降低，晚风习习，十分凉爽，这种独特的气候条件十分有利于茶树自然变异成白化茶并生长繁殖。

景宁县种茶历史悠久，畲族农民自唐代开始就在这里开垦种植茶树，种植的茶树由于长期受到特异自然因素的影响，惠明群体品种变异形成多种白化茶单株。为了充分开发利用白化茶资源，将独特的种质资源优势转化为茶叶市场的竞争优势，景宁县农业部门茶叶科技人员组成种质资源调查组，深入惠明寺、敕木山、周湖、张村、旱塔等惠明茶主产区，进村入户到茶园了解当地白化茶的性状特征，依据《茶树种质资源描述规范》对优选的白化茶单株分别进行植物学及生物学特性观察分析，并请浙江省农业农村厅、浙江大学茶叶研究所的专家进行指导，对观察记录的数据进行了分析研究。通过景宁白化茶树种质资源调查与分析，在惠明寺（寺院后）、张村、旱塔、九重阳村筛选出 4 个特异化明显的白化单株，分别对形态特征、发育特性、白化性状等进行了观察研究。

第二节　品种的特征特性

一、生物学特性

1. 景白 1 号　灌木型，树姿半开张，生长势旺盛，叶形长椭圆，叶色绿，叶面隆起富光泽，中叶类，叶长 7.1～11.5cm，叶宽 2.4～4.0cm，叶形指数 2.9～3.0，芽叶茸毛少，一芽三叶长 7.6cm，一芽三叶重 0.45g，发芽密度中。一般年份一芽一叶期 3 月 25～29 日，一芽二叶期 4 月 1～5 日，芽刚萌发时呈紫色，一叶展开后芽叶逐渐转化成乳白色。对温度反应敏感，4 月下旬以后随着气温的升高，芽叶颜色逐渐变成紫色。成叶生命周期为一年，4～5 月为上年成叶的落叶高峰期。茶树每年 6 月现花芽，10 月上旬茶花开放，盛花期在 10 月中下旬，花而不实，茶果稀少。

2. 景白 2 号　灌木型，树姿半开张，分枝密，生长势旺盛，

景白 1 号

叶形长椭圆，成叶黄绿色，叶面隆起，光泽中，中叶类，叶长 6.5～8.3cm，叶宽 2.3～3.3cm，叶形指数 2.5～2.8，芽叶茸毛少，一芽三叶长 6.9cm，一芽三叶重 0.41g，发芽密度高。正常年份一芽一叶期 3 月 20～24 日，同等栽培条件下比安吉白茶提早3～4d。成叶没有明显的落叶集中期。

景白 2 号

3. 景白 3 号　灌木型，树姿半开张，生长势一般，叶形长椭圆，叶色绿，叶面隆起，中叶类，叶长 8.2～11.5cm，叶宽 3.1～

4.0cm，芽叶茸毛少，一芽三叶长 7.2cm，一芽三叶重 0.48g。分枝较疏，一般年份 3 月中旬开始萌芽，3 月下旬至 4 月上旬开采，夏季新萌发的嫩叶在高温照射下，叶片生长不良，会发生卷曲变形，影响茶树生长。

4. 景白 4 号 灌木型，树姿半开张，分枝密度中等，新梢生长势较旺盛，成熟新梢长 60～80cm，节间长 4～5cm，着叶数10～18 片，叶形长椭圆，叶长 9～13cm，叶宽 5～3cm，叶形指数 2.6～3.0，上斜着生，成叶黄绿，叶面半隆起，富光泽，叶缘波状，叶齿浅，叶质柔软，叶渐尖。2005 年 5 月调查发现，母株生长海拔 900m 左右。

二、白化性状

1. 景白 1 号 芽刚萌发时呈紫色，一叶展开后芽叶逐渐转化成乳白色。对温度反应敏感，4 月下旬以后随着气温的升高，芽叶颜色逐渐还原成紫色。

2. 景白 2 号 芽刚萌发就呈现乳白色，6 月高温季节后，芽叶由乳白色转变成绿色。以春、秋两季萌发的芽叶呈乳白色，品质特佳。

3. 景白 3 号 新发芽头初为嫩黄色，随着芽头膨大，茶芽萌发初期开始变成乳白色，芽、叶、茎、脉全白，一芽一叶初展至一芽四叶期乳白色最为明显，5 月底气温升高后叶色逐步返绿。

4. 景白 4 号 新发芽叶黄白色，直至 6 月底至 7 月上旬才逐步转变成黄绿色。9 月气候适宜时，新发秋芽亦有黄化表现。

第三节 品种研究与试验

农业科技人员对调查发现的单株进一步开展观察和扦插繁育对比试验，经过初选，将生物学特性和白化性状表现优异的单株制作茶样进行生化成分检测鉴定，确定惠明寺（寺院后）、张村的 2 个单株各项性状表现优异，作为景宁白化茶品种选育的母本树，在不同海拔区域建立区域试验园，全面开展景宁白化茶品种选育比较试验。

一、试验园概况

农业科技人员选择了东坑、漈头、三石高家3个不同海拔区域建立品种比较试验园。选育品种为景白1号、景白2号，对比品种为安吉白叶1号。

东坑试验园：位于东经119°40′、北纬27°49′，海拔704m，年均气温15.0℃，7月气温24.8℃，1月气温4.4℃，极端低温−8.4℃，极端高温37.3℃，年降水量1 989.5mm。

漈头试验园：海拔590m，年均气温14.7℃，7月气温24.9℃，1月气温4.0℃，≥10℃积温4 532℃、天数225d，极端低温−9.0℃，极端高温35.0℃，年降水量1 878mm，年日照1 069h，相对湿度85%。

三石高家试验园：海拔430m，年均气温16.4℃，7月气温26.6℃，1月气温5.4℃，≥10℃积温5 010℃、天数240d，极端低温−8.2℃，极端高温38.0℃，年降水量1 667mm，年日照1 277h，相对湿度82%。

二、区域试验研究情况

1. 开展景宁白化茶品种的生物学特征特性、抗逆性、白化性状、春茶萌芽开采期等各种性状观察研究。

（1）形态特征

景白1号：试验基地茶苗从原母本树扦插繁殖而成，经过区域试验证明，其品种特征特性与母本树保持一致，耐旱性、抗寒性强。叶色乳白半透明，具有白化茶树典型的品质特征，无性繁殖后代白化性状表现稳定，在景宁白化期为3月底至5月上旬。内含物质独特，氨基酸含量高达7.9%，比常规品种高出2倍以上，具有很高的开发利用价值。适制性广，产量高，品质优，适制毛峰形、卷曲形和扁形名茶。

景白 2 号：试验基地茶苗从原母本树扦插繁殖而成，经过区域试验证明，其品种特征特性与母本树保持一致，在景宁县 2 月底萌芽，3 月下旬开采，比一般白化品种开采时间提早 3～6d，叶色黄白，具有白化茶树典型的品质特征，无性繁殖后代白化性状表现稳定，白化期为 3～6 月和 9～10 月。内含物质独特，氨基酸含量高达 8%，比常规品种高出 2 倍以上，开发价值高。景白 2 号无性繁育成活率高，生长势强；发芽密度高，开采期早，白化期长，耐高温干旱，耐寒性较强；产量高，品质优，适制高档名优绿茶。

（2）白化性状

景白 1 号：区域比较试验表明，无性扦插繁育的新个体，保留了母本树原有白化特点，一般年份，2 月底、3 月初开始萌芽，3 月底、4 月初开采。新发芽头初为浅绿色，随着芽头膨大，一芽一叶初展开始变成乳白色，叶、茎、脉全白，一芽一叶至一芽三叶期乳白色最为显著，一芽三叶期后叶色逐步复绿，一般至 5 月底叶片全部恢复绿色。多年扦插、嫁接无性繁殖后代，性状十分稳定。

景白 2 号：区域比较试验表明，试验园种植的景白 2 号茶树，不仅继承了母树白化遗传特性，每年 3～6 月及秋季小阳春 9～10 月，新发芽头、叶、茎、脉白化更为黄亮，更加艳丽洁白。多年扦插、嫁接无性繁殖后代，性状十分稳定。

（3）移栽成活率　茶苗移栽后采用相同的培肥管理，在当年 11 月调查景白 1 号茶苗、景白 2 号茶苗与安吉白叶 1 号茶苗移栽丛成活率，景白 1 号与安吉白叶 1 号两者相当。景白 2 号移栽丛成活率达到 92%，比安吉白叶 1 号高 8.2% ，安吉白叶 1 号移栽丛成活率 85%。

（4）春茶萌芽开采期　以采摘一芽一叶至二叶初展为标准，连续 3 年记录开采日，景白 1 号开采期与对照安吉白叶 1 号基本相当，景白 2 号比安吉白叶 1 号早 3～6d。

（5）芽叶质量性状　景白 1 号和景白 2 号的芽、梢长度和重量均大于对照，一叶初展百芽重、二叶初展百芽重分别为对照的 137.5%、110% 和 118.8%、104.5%，均属于芽重型品种。

（6）抗逆性　2013 年 7～9 月，景宁县受副热带高压脊控制，遭受罕见晴热高温干旱天气，试验基地实地调查，景白 1 号和景白 2 号抗高温干旱性明显。

2. 开展白化有效期鲜叶产量比较试验　在春茶白化采摘期，采摘一芽一叶至一芽二叶初展，连续 3 年（2011—2013 年）计产，景白 1 号的鲜叶亩产量分别为 21.6kg、26.3kg、31.8kg；景白 2 号的鲜叶亩产量分别为 27.3kg、33.4kg、38.2kg，对照品种安吉白叶 1 号为 21.5kg、26.3kg、30.6kg，景宁白化茶品种产量高于对照品种，其中景白 2 号表现更为突出（表 1）。

表 1　景白 1 号、景白 2 号与安吉白叶 1 号鲜叶产量比较

品种	H1			3年平均亩产量(kg)	H2			3年平均亩产量(kg)	H3			3年平均亩产量(kg)
	2011年	2012年	2013年		2011年	2012年	2013年		2011年	2012年	2013年	
景白1号	25.7	30.4	34.9	30.3	20.5	24.8	30.7	25.3	18.5	23.6	29.9	24.0
景白2号	30.6	37.9	39.6	36.0	25.3	30.1	37.2	30.9	25.9	32.1	37.9	32.0
安吉白叶1号	26.1	30.8	31.9	29.6	19.8	24.9	29.8	24.8	18.6	23.1	30.2	23.9

三、品种区域试验研究结果

2014 年，采摘区域试验基地同等嫩度鲜叶，用相同工艺加工研制景白 1 号、景白 2 号和对比品种安吉白叶 1 号茶样，送农业部茶叶质量监督检验测试中心进行品质感观审评和生化成分检测。景白 1 号和景白 2 号氨基酸含量分别为 7.9%、8.0%，茶多酚含量分别为 16.3%、14.5%，酚氨比分别为 2.06、1.81。氨基酸含量分别高于对照 8.22%、9.60%，茶多酚分别低于对照 0.6%、11.6%，酚氨比更趋合理（表 2）。

表 2　景白 1 号、景白 2 号与安吉白叶 1 号主要生化成分含量比较

年份	品种	水浸出物（%）	氨基酸（%）	茶多酚（%）	咖啡因（%）	酚氨比
2013	景白 1 号	44.9	7.5	17.9	3.51	2.39
	景白 2 号	44.5	7.8	17.3	3.32	2.22
	安吉白叶 1 号	45.8	6.9	18.5	3.25	2.62
2014	景白 1 号	45.6	7.9	16.3	3.61	2.06
	景白 2 号	44.0	8.0	14.5	3.16	1.81
	安吉白叶 1 号	46.4	7.3	16.4	3.09	2.25

研制茶样品经农业部茶叶质量监督检验测试中心和浙江大学等专家感观鉴定认为，干茶金黄、汤色淡黄、叶底明黄，滋味特别鲜爽，感官品质“三黄一特”，优于对照。

第四节　品种审定

一、现场考察

景宁县农业局科技人员整理汇总景白 1 号、景白 2 号比较试验相关数据，编写《景宁白化茶树品种选育系统总结报告》《区域试验基地品种比较试验总结》，如实填写《浙江省非主要农作物品种审定申请表》，向浙江省农业厅种子管理总站申请新品种审定。2014 年 4 月 8 日，由浙江省农业厅种子管理总站牵头，成浩、毛祖法、陆德彪、陆建良、潘建义等组成的浙江省非主要农作物品种审定委员会茶树专家组到现场进行考察。专家组成员实地考察了 3 个区域试验园和白化茶品种推广应用基地，听取了刘建平、王建林等品种选育成员关于景宁白化茶树选育的系统总结报告，对品种相关性状进行现场提问，经过充分讨论，一致认为景白 1 号和景白 2 号是两个白化时间早、持续时间长，氨基酸含量高、茶多酚含量适中，适制性广、品质优，茶树生长势强、耐寒性强的优良白化茶树新品种，适宜与景宁相似气候条件的区域种植，一致同意推荐报浙江省非主要农作物品种审定委员会审定。

二、茶叶品质评鉴

为了评鉴景白 1 号、景白 2 号两个品种加工产品的质量，景宁县农业局邀请浙江大学、中华全国供销合作总社杭州茶叶研究院国家茶叶质量监督检验中心、浙江省农业技术推广中心等单位专家在杭州召开了茶叶质量评鉴会，对以景白 1 号、景白 2 号茶树品种鲜叶加工的茶样进行了现场感观质量审评，形成如下意见：

景白 1 号茶叶：干茶外形肥壮呈燕尾状，色泽嫩黄鲜活带绿；汤色嫩黄明亮；香气嫩香幽长带蛋黄香；滋味鲜爽浓醇；叶底嫩黄匀亮。

景白 2 号茶叶：干茶外形细嫩呈燕尾状，色泽嫩黄鲜活隐绿；汤色嫩黄明亮；香气嫩香馥郁有蛋黄香；滋味鲜醇甘爽；叶底嫩黄匀亮。

三、品种审定结果

2015 年，浙江省农业厅发布第 3 号公告，景白 1 号、景白 2 号获浙江省非主要农作物品种审定委员会颁发的浙江省农作物品种审定证书，成为丽水市近十年来首次通过审定的两个省级茶树良种。景宁县一代茶叶生产科技工作者历经 10 多年的反复研究，不断探索，克服困难，两个白化茶树新品种终于获得省级良种审定，为畲乡茶产业发展、农民增收致富作出了贡献。

第二章 景宁白化茶品种嫁接繁殖技术

景白1号品种母本单株在1973年就被发现，农业部门进行挂牌保护，20世纪70～90年代开展扦插繁殖试验，但由于该品种难发根和当时扦插技术不成熟等原因，未能取得成功。为了攻克品种无性繁殖难题，浙江奇尔茶业有限公司和景宁科技人员开展技术攻关，在浙江大学茶学系教授的指导下率先在茶树上使用嫁接技术，刚开始由于茶树的嫁接口愈合慢、嫁接茶园的空气湿度低等原因，成活率只有20%～30%，且管理成本高，技术难以推广。景宁县

嫁接茶园

吴锡金等相关科技人员在多年实践中对茶树嫁接快繁技术进行创新发展，突破景宁白化茶树品种嫁接繁殖成活率低的难题，使用该技术后，提高了嫁接茶园的空气湿度，延长嫁接短穗的存活时间，使嫁接伤口愈合有充分的时间保障，成活率大幅度提高，为景宁白化茶产业化快速发展提供了强有力的技术支撑。

第一节　嫁接繁殖原理与特点

一、嫁接繁殖原理

茶树嫁接，是指以原有的茶树为砧木，在离地 3～5cm 处横向切割主干，选择优良品种半木质化枝条为接穗接到准备好的砧木上，经过一段时间的精细管理，使两者紧密结合，培育成保持接穗茶树优良特性及性状的新生植株。茶树嫁接接穗成活的原理主要是接穗和砧木的形成层薄壁细胞具有再生能力，接穗与砧木对准形成层并紧密结合形成结合部，结合部经过不断的细胞分裂繁殖和生长，使接穗与砧木原来的输导组织上下相连接，接穗通过砧木根系吸收的水分、养分不断补充自身所需营养物质，并生长成新的茶树植株。同时，接穗不断进行光合作用制造有机物质向下输送，满足根系所需物质。

二、嫁接繁殖的优势

1. 嫁接繁殖是无性繁殖的快速途径　嫁接繁殖的成功解决了许多茶树新品种扦插发根难、成活率低的难题，为珍稀品种的无性繁殖提供了新的快速途径。

2. 嫁接换种茶树生长势旺盛，成园投产快　由于选择投产茶树作嫁接砧木，根系发达，吸收土壤水分养分能力强，同时，砧木切割树冠嫁接接穗后，接穗在 50～60d 内主要依靠自身物质成活，砧木根部储存了丰富的养分，能为成活接穗提供充足的营养物质，使接穗幼苗快速生长。一般春接、夏接茶园第二年就可以少量投产，两足龄嫁接茶园可采摘产量相当于常规种植管理 4～5 足龄茶园。

3. 嫁接繁殖季节长 景宁县生产科技人员经过嫁接繁殖技术创新与发展，目前一年四季均可进行茶树嫁接，即春接、夏接、秋接、冬接，而扦插繁殖目前以夏扦和秋扦为主。

嫁接成活的茶树

4. 枝条利用率高 春接和夏接可以利用上年枝条，延长嫁接季节，夏接（4 月 20～30 日）在春茶采摘后期进行，能够利用春茶采摘后的枝条嫁接，实现了枝条价值的最大化利用，每亩景宁白化茶母本园可增加收入3 500元左右。

三、嫁接繁殖的不足

1. 茶树嫁接操作繁琐，投入成本高 嫁接繁殖对每株的主干嫁接 1～2 个接穗，砧木嫁接好接穗后，还要搭遮阴棚等，操作繁琐，一般每人每天平均仅能嫁接约 100 株茶树，熟练师傅每天工资 240～280 元，每亩投入嫁接劳动工资达到4 800～5 600 元，遮阳网、竹弓等其他材料成本 800 元，每亩投入合计5 600～6 400 元。

2. 砧木萌发枝梢能力强，抹梢等管理成本高 一株嫁接成活的茶树由砧木和接穗两部分组成，砧木主干切割嫁接新品种接穗后，砧木上的潜伏芽（砧木茶树上原来长期保持休眠状态的腋芽）开始变得非常活跃，许多潜伏芽会萌发，且生长能力比接穗强，潜伏芽萌发的新梢同接穗争夺水分、养分，严重影响新品种接穗的生长，必须及时抹去砧木上萌发的枝梢，才能使接穗正常生长。嫁接 1～3 年的茶树，每年须进行 2～3 次抹梢，每亩年成本 500～

700元。

嫁接繁殖早期实践：2002年浙江奇尔茶业有限公司针对当时景白1号品种扦插难发根、成活率低、制约了该品种无性繁殖的问题，成立嫁接繁殖技术攻关组以攻克技术难题，开展惠明群体品种嫁接景白1号试验，通过两年的实践研究，在惠明茶原产地即景白1号母本园附近建成景白1号嫁接示范基地5.5亩。早期嫁接时间选择在秋季（7～8月），气温高，嫁接体蒸腾作用强度大，采用培土覆盖保湿法，空气湿度低，接穗主要依靠吸收土壤中水分来补充蒸发消耗的水分，失水量大于吸收量，嫁接成活率低（20%～30%），管理成本高，技术难推广。

第二节　景宁白化茶品种嫁接繁殖技术创新发展

针对早期嫁接试验存在成活率低（20%～30%）、管理成本高等技术难题，景宁县科技人员在生产实践中发现，嫁接环境湿度是影响成活率的主要因素，创新发明了“茶树嫁接罩袋增湿法”“地膜覆盖增湿法”嫁接快繁技术。使用该技术后，提高了嫁接茶园的空气湿度，延长嫁接短穗的存活时间达40～50d，使嫁接伤口愈合有充分的时间保障，成活率普遍提高到80%～94%。同时，不需要进行嫁接土壤喷水保湿管理，每亩节约人工管理成本约1 100多元。茶树嫁接繁殖技术如下。

一、母本树培育

1. 修剪　根据嫁接季节合理安排母本树修剪时间，春接（一般为2月20～30日）、夏接（一般为4月20～30日）主要利用上年秋季生长半木质化和木质化的枝条，根据景宁的气候条件，母本树适宜的修剪时间为6月上中旬。秋接（一般为8月10～20日）、冬接（一般为10月15～25日）主要利用当年夏秋季生长的半木质化枝条，母本树适宜的修剪时间分别为4月下旬和5月下旬。

2. 施肥 4月中下旬和5月下旬修剪的母本园，分两次施肥，第一次在修剪前或修剪后10d内施足底肥，成龄茶园亩施硫酸钾型复合肥和尿素各40kg；第二次在7月中下旬补施追肥，成龄茶园亩施尿素50kg，采用开沟施肥法，施肥后及时覆土。在6月上中旬修剪培育夏秋季枝条，作为翌年春接（2月20～30日）、夏接（4月20～30日）的母本茶园，分3次施肥，第一次在修剪前或修剪后10d内施足底肥，成龄茶园亩施磷酸钾复合肥和尿素各40kg；第二次在7月下旬补施追肥，成龄茶园亩施尿素50kg；第三次在10月中下旬增施基肥，当茶树顶芽停止生长变为驻芽时施肥为宜，选用农家腐熟栏肥和饼肥，每亩300～400kg，搭配硫酸钾型复合肥每亩50kg，开沟深施覆土，使秋季生长的枝条越冬贮存充足养分，以利于提高嫁接成活率。

3. 防治病虫害 作为嫁接母本园的基地要加强病虫害防治工作，景宁白化茶树常见的害虫主要有茶树螨类、茶小绿叶蝉、茶尺蠖、茶毒蛾等，病害主要有茶饼病、茶煤病等，采用预防为主、综合防治，确保枝条健壮，杜绝使用带虫、带病枝条作为接穗嫁接，以利于嫁接幼苗茁壮成长。

二、嫁接的季节与时间

1. 嫁接的季节 根据季节来区分，分为春接（2月20～30日）、夏接（4月20～30日）、秋接（8月10～20日）、冬接（10月15～25日）。景宁白化茶品种嫁接实践证明，不同季节嫁接各有利弊。春接和夏接的优点：一是可以利用上年枝条，延长嫁接季节；二是夏接（4月20～30日）在春茶采摘后期进行，能够利用春茶采摘后的枝条嫁接，实现了枝条价值的最大化利用，每亩景宁白化茶母本园可增加收入3 500元左右。不利因素：主要是春接和夏接枝条木质化程度较高，对成活率影响较大。秋接的优点：秋接（8月10～20日）成活率高，主要是因为秋接气温高，砧木与接穗嫁接口愈合时间短（一般40～50d），嫁接口愈合后接穗就能从砧木根系中吸收到充足的养分，接穗生长良好。但不同海拔茶园存在一定的差异，高海拔茶区夏接成活率高于低海拔地区，主要是因为夏季高海拔茶区气温比低海拔茶区低，土壤水分蒸发量相对较少，含水量高，更有利于砧木与接穗嫁接口愈合和接穗的生长。冬接（10 月 15～25 日）的优点：冬季劳动力充裕，能降低嫁接的人工成本近 25%。冬接的缺点：一是冬季气温低，嫁接口愈合时间长，造成接穗有效养分大量消耗，因嫁接口没愈合，砧木根系提供的养分不能被接穗有效吸收，接穗生长过程中养分缺乏，生长不良；二是低温造成接穗受冻，嫁接口受冻破裂，直接造成接穗干枯，高海拔区域表现更为明显。

综上所述，景宁白化茶品种嫁接应考虑成活率、枝条、劳动力等因素，高山茶区以秋接为好，夏接次之；低山茶区以秋接为好，冬接、夏接次之。

2. 具体嫁接时间　夏接要避开中午烈日时段，一般在上午 11 时前、下午 2 时 30 分后，阴天则全天均可以嫁接。高海拔茶区晴天可以搭建遮阴棚嫁接，对成活率影响较小。

三、嫁接砧木

1. 砧木的选择　不同品种茶树作砧木嫁接景宁白化茶的成活率相差较大，无性系品种中以乌牛早、迎霜为好，龙井长叶次之，安吉白叶 1 号较差，主要原因是安吉白叶 1 号生长势弱，根系不发达，影响接穗水分、养分的吸收，从而影响嫁接的成活率。以安吉白叶 1 号为砧木，嫁接成活后的景宁白化茶品种生长缓慢，安吉白叶 1 号等长势较弱的白化茶品种不适合嫁接景宁白化茶品种。用鸠坑群体种嫁接的景宁白化茶品种成活率高、长势好，但嫁接后砧木新梢生长旺盛，新萌发芽叶多，抹梢等管理投入比无性系品种增加。

砧木树龄选用 5～10 年生的鸠坑群体种、迎霜、乌牛早、龙井长叶等品种茶树，砧木基部直径 1.5～4cm。种植 4 年以内的幼龄茶树因根系不发达，枝干直径小，不适合作砧木。10 年生以上主干直径过大的茶树作为砧木，嫁接成活率反而下降，主干粗大的茶树在嫁接时，要注意防止接穗韧皮部破裂，否则成活率会受到较大影响。

2. 砧木茶园管理 要求作为砧木的茶园管理良好，除正常的管理外，在嫁接前 15d 进行一次病虫害防治，有效控制病虫害的发生，减少嫁接幼苗受病虫危害。

四、嫁接操作技术

1. 嫁接工具和材料 嫁接前准备好割灌机、小木锯、小铁锤、削穗刀、接工刀等工具。并准备好 220cm 长的竹弓、70～80cm 长的小竹弓、遮阳率 70%左右的 200cm 宽的遮阳网、地膜、保湿塑料碗、塑料杯、保湿用水。在嫁接的前一天或当天早晨剪取接穗枝条，并保湿遮阴备用。

2. 操作流程与方法 为了提高嫁接工效，嫁接时一般以 2～3 人为一个小组开展嫁接作业。根据生产经验，景宁白化茶品种采用劈接法成活率较高，该方法利用砧木主干自身的合力，使接穗和砧木嫁接口能紧密结合，不需绑扎固定接穗，省时省工，方便后期管理。技术流程：锯、劈砧木→短穗削剪→接穗插砧→套袋（盖膜）保湿→清园→覆盖遮阴。

第一步：锯、劈砧木。挖开砧木茶丛根颈部位的表土，用安装切割圆盘的割灌机在主干离地表 5～7cm 处横向切断，切口平滑，防止砧木开裂。在切口中心点附近用接工刀将砧木垂直向下劈切，切口深度 3～3.5cm。

劈切砧木

关键技术：劈切砧木用力要适度，不可用力过猛、切口太深，否则会损伤砧木。找准切口合适部位，主干细小的砧木在中心线劈切嫁接口为宜，主干粗大的砧木在直径 1/3 附近劈切嫁接口更为合适，具体依据主干大小灵活掌握。

第二步：短穗削剪。短穗削剪与锯、劈砧木同步进行，由专人负责削剪短穗，利于掌握标准。要求削穗刀要锋利，一刀削好，不要补削，保证削面平顺，边削边接，注意保湿，防止日晒。短穗规格要求：短穗长度2.5～3cm，一个完整而饱满的腋芽，留叶量为一张成叶的50%左右。

第三步：接穗插砧，指将削好的短穗插入劈开的砧木切口（嫁接口）。同其他果树嫁接一样，砧木和接穗的形成层一定要对准。因砧木大、接穗小，在操作时需特别注意要使接穗与砧木的韧皮部内侧对准，否则嫁接成活率很低。根据已切割砧木主干桩数多少和主干直径大小合理安排接穗数量，主干桩数少、主干直径粗大，每根桩插接短穗2～3支；主干桩数多，每根桩插接短穗1支。

接穗插入砧木切口

第四步：保湿。在长期的生产实践中景宁县科技人员创新发明两种嫁接保湿主要技术。一是茶树嫁接罩袋增湿法。每株砧木接好接穗后罩1只增湿罩，增湿罩高25cm、宽35cm，是一种专用茶树嫁接白色塑料增湿罩（原已授权实用新型专利）。罩内放置1～2杯装有150ml水的塑料杯，然后盖上增湿罩并固定好，四周覆盖厚度3cm、宽度7cm的泥土，该项技术适用于景宁白化茶品种山地茶园及平地缓坡地茶园，也适用于其他茶树品种的嫁接。二是地膜覆盖增湿法。主要操作技术：在茶树砧木接好接穗后，在每行的株与株之间空地上放置1～2杯装有150ml水的塑料杯，然后用竹条搭建弓形增湿小棚，其高度

茶品种嫁接成活率的关键，嫁接后 2～3 个月是砧木新梢萌发生长的高峰期，要组织人员抹梢，及时全面清除砧木新梢，避免砧木与接穗争养分水分，造成接穗生长不良而枯死。对第二年砧木抽发的枝梢，应及时抹除，进行培土，可减少砧木新梢萌发。抹梢具体操作方法：一手抓紧新梢基部，手腕用劲将其抹除。在操作时要注意，尽量减少因抹梢而伤及砧木韧皮部，在抹除 15cm 以上新梢时，要左手按住砧木，右手抓紧新梢基部左右转动 3～5 次，在新梢基部开始松动后再将其抹除，忌一次性用力过猛拔除新梢而大面积损伤砧木韧皮部，影响接穗生长。嫁接后 6 个月至 1 年，因遗漏没有及时抹除的新梢，生长高度达到 30cm 以上时，此时用手拔除容易伤及砧木，适宜用镰刀在新梢基部将其割除。

5. 杂草、病虫害管理 茶树嫁接后由于内有保湿膜、外有遮阴物，杂草、病虫害管理等十分困难，一般在 50～60d 内难以进行杂草、病虫害管理，揭去保湿膜（增湿罩）后及时除去杂草、防治病虫害十分必要。杂草要除早、除小，嫁接苗附近杂草宜用手拔，用工具除草容易损伤嫁接口，使接穗折断。清除杂草后及时防治蚜虫及茶螨类、茶毛虫、茶尺蠖等害虫。在用药剂防治时，不宜选用敌敌畏等具有较强熏蒸作用的农药，因熏蒸药剂会对嫩芽生长造成一定影响。

6. 打顶、修剪，培育骨干枝 新嫁接的茶树与新种植茶苗既有相似之处，又有所不同。两者相似之处是都需要进行 3 次定型修剪，培育好 3 层骨干枝，为丰产树冠奠定基础。区别是新嫁接的茶树由于砧木根系发达，接穗生长快，一般 2 年进行 3 次定型修剪和一次轻修剪，树冠相当于新种植茶苗 4～5 年的生长效果。但不同季节嫁接的景宁白化茶品种打顶、修剪时间各有不同，定型修剪以新梢生长的高度作为主要依据，具体修剪时间因茶区所在海拔高度不同而有差异，一般低海拔茶区比高海拔茶区要提早 5～10d，在生产上应灵活掌握。

春接（2 月 20～30 日），在 4 月 30 日至 5 月 10 日，当接穗生长到 10cm 以上时，摘取顶芽；6 月 10～20 日，经打顶后萌发生长的新梢长度达到 18～20cm，株高留 15～18cm 进行第一定型修剪。第二次定型修剪在立秋后，8 月 15～25 日，在第一次定型修剪后萌发生长的新梢长度达到 18cm 以上，株高留 30～36cm 进行修剪。第三次定型修剪在翌年采摘早、中期春茶后进行，第二次定型修剪后萌发生长的新梢长度达到 18cm 以上，株高留 45～54cm 进行修剪。

夏接（4 月 20～30 日），在 6 月 20～30 日，当接穗生长到 10cm 以上时，摘取顶芽；8 月 10～15 日，打顶后萌发生长的新梢长度达到 18～20cm，立秋后天气转凉后，株高留 15～18cm 进行第一次定型修剪。第二次定型修剪，9 月 20～30 日，在第一次定型修剪后萌发生长的新梢长度达到 18cm 以上，株高留 30～36cm 进行修剪。第三次定型修剪在翌年春茶采摘后进行，第二次定型修剪后萌发生长的新梢长度达到 18cm 以上，株高留 45～54cm 进行修剪。

秋接（8 月 10～20 日），在 10 月 20～30 日，当接穗生长到 10cm 以上时，摘取顶芽，高度达不到要求的，在翌年春茶萌发生长后，高度达到要求时进行打顶采摘；第一次定型修剪在翌年 4 月 20～30 日，打顶后萌发生长的新梢长度达到 18～20cm，株高留 15～18cm 进行第一次定型修剪。第二次定型修剪，5 月 20～30 日，第一次定型修剪后萌发生长的新梢长度达到 18cm 以上，株高留 30～36cm 进行修剪。第三次定型修剪在立秋后天气转凉，第二次定型修剪后萌发生长的新梢长度达到 18cm 以上，株高留 45～54cm 进行修剪。

冬接（10 月 15～25 日），在第二年，4 月 20～30 日，当接穗生长到 10cm 以上时，摘取顶芽；第一次定型修剪在翌年 5 月 20～30 日，打顶后萌发生长的新梢长度达到 18～20cm，株高留 15～18cm 进行第一次定型修剪。第二次定型修剪，立秋后天气转凉，一般在 8 月 15～25 日，第一次定型修剪后萌发生长的新梢长度达到 18cm 以上，株高留 30～36cm 进行第二次定型修剪。第三次定型修剪在翌年春茶采摘后进行，一般为 5 月中下旬，第二次定型修剪后萌发生长的新梢长度达到 18cm 以上，株高留 45～54cm 进行修剪。

7. 施肥 嫁接后树龄 1～2 年的景宁白化茶品种由于根冠比大，砧木给接穗提供了充足的养分，促使嫁接幼龄树地上部分快速生长。生产上要通过合理施肥来调节嫁接幼龄茶树的生长，嫁接后 1 足龄茶树，在第一次定型修剪后施第一次肥料，施肥量一般为每亩复合肥、尿素各 5～7kg，第二次施肥量一般为每亩复合肥、尿素各 8～12kg。两足龄嫁接茶树施肥量适度增加，三足龄嫁接茶树可以按正常投产园进行施肥，具体根据树冠幅度增减施肥用量。

施肥宜采用开沟施肥法，施后覆土，开沟位置以茶行中线为准，具体根据砧木树龄灵活掌握，砧木树龄在 5～7 年，在距中线约 10cm 位置左右两旁开两条施肥沟，砧木树龄 8 年以上的盛产茶树，在中线位置开单条施肥沟。

8. 控制过度生长，防止接穗折断 景宁白化茶品种嫁接茶树由两部分组成，地下部分是砧木品种根系，因嫁接砧木一般选择投产成龄茶树，砧木根部处于成龄期，根系发达。地上树冠部分是嫁接的景宁白化茶品种接穗，处于幼龄期。砧木发达的根系吸收土壤养分能力强，为幼龄接穗提供了过剩的养分，嫁接后一年生幼龄茶树容易出现接穗折断、枝干倒伏等严重后果，在生产上要严加防范。

防范主要措施：一是通过合理施肥来调节嫁接幼龄期生长，春接、夏接茶树，当年生长期长，要根据土壤肥力决定施肥用量，土壤肥力高的嫁接茶园，由于景宁县 7～8 月是台风季节，在 7～8 月前不宜施肥，防止嫁接口刚愈合，接穗生长旺盛，接穗被台风折断枯死。二是利用覆盖地膜的小竹弓来支撑接穗，具有一定的固定接穗、防止折断的作用。三是培土，当接穗新梢长至 20cm 以上时，培土至嫁接口以上 2～3cm，可有效减少嫁接幼苗过快生长、在遭受强风等外力作用时造成接穗幼苗折断。

9. 预防冻害 秋接、冬接的茶树，因当年生长时间有限，接穗仅在砧木的嫁接口外侧生长形成韧皮部，当年冬季气温在零度以下时，容易受冻坏死。生产上要采取措施，加强幼树防寒保暖。一是大寒季节，秋接茶树内层覆盖薄膜保暖，外层覆盖遮阳网保暖；冬接茶树利用原来覆盖的保湿薄膜（增湿罩）和遮阳网保暖。二是培土保暖，春接、夏接、秋接的茶树在10～11月，培土至嫁接口以上2～3cm，可起到一定的保暖作用。三是高海拔茶区，冬接景宁白化茶品种茶树，如果冬季遇到严寒，采用3层覆盖防寒，即第一层用保湿薄膜（增湿罩）覆盖保暖；第二层用2m宽的塑料薄膜覆盖在遮阳网内保暖；第三层遮阳网保寒保暖。在采用上述防寒措施时注意两旁用泥土压实密封，使防寒保暖效果更好。

六、影响景宁白化茶品种嫁接成活率的主要因素

1. 砧木品种 不同品种茶树砧木嫁接景宁白化茶的成活率相差较大，无性系品种中以乌牛早、迎霜为好，龙井长叶次之，安吉白叶1号较差，主要原因是安吉白叶1号生长势较乌牛早、迎霜弱，根系不发达，影响接穗水分、养分的吸收，从而影响嫁接的成活率。以安吉白叶1号为砧木，嫁接成活后的景宁白化茶生长缓慢，不适宜嫁接景宁白化茶品种。用鸠坑群体种嫁接的景宁白化茶成活率高、长势好，但嫁接后砧木萌发的新梢生长旺盛，新萌发芽叶多，抹梢等管理投入比无性系品种大幅度增加。

2. 嫁接季节 景宁白化茶嫁接时期与其成活率、保存率有密切的关系。夏接成活率最高，为89%～97%；春接次之，成活率为75%～81%；秋接最低，成活率为65%～68%。保存率夏接77%～82%，春接61%～69%，秋接51%～56%。其原因主要是夏季气温高，茶树新陈代谢加快，细胞分裂加速，嫁接口愈伤组织形成快，所以夏接成活率高；夏接接穗成活后，进入秋季，温度逐渐降低，土壤湿度较大，适合白化茶生长，所以夏接的保存率高。春接成活后的白化茶进入炎热的夏季，气温过高，土壤蒸发量大，含水量低，不利于白化茶生长，保存率比夏接低。秋接的接穗刚成活就进入干冷的冬季，由于嫁接口愈伤组织刚形成，砧木不能给接穗提供充足的水分和养分，加上冬季干冷风的盛行，很容易破坏砧

木与接穗的供受平衡关系，而从导致接穗枯死，所以秋接的保存率低。综上所述，景宁白化茶嫁接以夏接、春接为好。

3. 砧木树龄 茶树砧木树龄对景宁白化茶成活率影响较大，以种植 5～7 年树龄的成活率最高，10 年树龄的次之，2 年树龄的最低。原因是 5～7 年的茶树主干粗度 2～3cm，进行劈接后，砧木接口能与接穗紧密结合，又不会因砧木夹合力过大造成接穗的韧皮部与木质部分离；而 10 年以上树龄的砧木由于主干过粗，合力过大，接穗被砧木夹得过紧，容易造成接穗切口韧皮部与木质部分离，使接穗枯死，降低成活率；2～3 年树龄无性系砧木茶树，根系不发达，因嫁接时需将地上部分全部剪去，茶树地上、地下供应失去平衡，造成接穗与大部分砧木同时枯死，成活率很低，不适合作嫁接用砧木。

4. 遮阳率 选用遮阳率为 70%左右的遮阳网为宜，既能有效遮挡强光，又能保持空气流通，防止套袋后温度过高接穗干枯。

5. 土壤含水量 在一定范围内土壤含水量与景宁白化茶嫁接成活率呈正相关，一般要求土壤含水量在 60%～70%，水分过低、过高成活率都下降。因此，夏接时如果遇上连续高温少雨天气，土壤含水量过低时要暂停嫁接，等雨后再进行嫁接，以确保成活率。

6. 嫁接技术对成活率的影响 嫁接技术对成活率起着关键作用，这里着重介绍接穗枝条的存放时间、揭膜时机掌握、接穗留叶量 3 个方面对成活率的影响。

（1）枝条的存放时间 夏接由于气温高，接穗枝条要求在早晨剪取，枝条存放于室内阴凉处并于当天用完，存放时间不超过 12h；春接枝条存放时间应控制在 24h 内，否则嫁接成活率降低。

（2）揭膜时间 夏接一般在嫁接 50～60d 以后、春接 60～70d 后揭去覆盖的膜（罩），具体应灵活掌握，以 80%接穗生长到 3～4 叶为适度。揭膜过早，接穗与砧木接口刚愈合，不能有效提供水分、养分，成活率下降；揭膜过迟，接穗易受害虫危害，成活率也会降低。

（3）接穗留叶量　接穗一般留一张成叶的50%左右为适度，留叶量过多，叶片蒸发量增大，呼吸作用消耗的养分过多，嫁接成活率下降；留叶量过少，叶片光合作用制造的养分太少，对成活率有负面影响。

第三章
景宁白化茶品种扦插繁殖

第一节　母本园枝条培育

扦插枝条粗细与成活率、出圃率的高低有直接关系，景白1号品种比普通绿茶品种生长势弱，扦插成活率比普通绿茶品种低。因此，母本园的培育管理是短穗扦插的基础，在生产上要强化管理，培育健壮的扦插枝条。母本园管理主要包括修剪、遮阴、施肥、除草及病虫害防治4个环节。

景白1号母本园

一、合理修剪

1. 修剪时期 准备夏插的母本园一般在春茶采摘一、两批后修剪，一般在4月中下旬；秋插的母本园，茶树修剪在春茶后进行，具体修剪时期根据茶区不同海拔、不同品种决定，低海拔茶区景白1号、景白2号修剪时期一般在5中旬至5月下旬；高海拔茶区景白1号、景白2号修剪时期一般在5月下旬至6月上旬。

2. 修剪深度 根据母本品种树龄不同决定修剪深度，刚进入盛产期的景宁白化茶树，采用轻修剪，保持原有树幅，能增加单位面积扦插枝条数量，同时，有效降低下一年春茶减产幅度；树龄较大、树势开始衰退的茶树，采用深修剪或重修剪，剪去上年的鸡爪枝、细弱枝，使母本树的养分能够集中供应新梢的生长，使枝条生长粗壮。

二、遮阴

景白3号存在高温生理性生长障碍，夏季新萌发的嫩叶在高温时，叶片生长不良，会发生卷曲变形，影响茶树生长。主要技术措施，一是适时提早修剪时间，景宁县在4月下旬至5月中旬修剪，有利于母本树枝条生长。二是选择夏季阴凉的地块建立景白3号母本园。三是搭建遮阴棚，在6月下旬至7月中旬，霉雨季结束后，搭建高220～250cm、宽300～350cm的遮阴棚，外面覆盖遮阳率40%～50%的遮阳网，能有效防止高温造成的叶片卷曲变形，夏季新梢叶片生长良好，叶色绿润。

三、施肥

母本园茶树要加强培育管理，增加施肥量，采用基肥与追肥相结合，一年施两次追肥，一次基肥。

1. 追施 第一次追肥在修剪前后使用，种植4～5年的投产茶园，亩施硫酸钾型复合肥30 kg，尿素20kg；第二次施追肥在7月下旬至8月上旬，一般在扦插枝条采集前两个月进行追肥，亩施尿素35kg。培育管理好，种植6年以后进入盛产期的茶园，第一次亩施硫酸钾型复合肥35kg，尿素30kg；第二次亩施尿素50kg。采用开沟施肥，施后覆土。

2. 基肥 基肥一般在10～11月中旬施入，目前，景宁白化茶品种春季鲜叶销价高，扦插母本园为生产采摘和采穗扦插两用茶园，基肥有效成分直接关系到翌年春茶鲜叶的品质，景宁县科技人员经过实践，采用配方施肥可提高鲜叶品质。种植4～5年的投产茶园，亩施硫酸钾型复合肥40kg，饼肥或其他有机肥150～200 kg;种植6年以后进入盛产期的茶园，亩施硫酸钾型复合肥50 kg,饼肥或其他有机肥200～300 kg。

四、草害防控及病虫害防治

1. 草害防控 母本园由于施肥水平高，茶园养分充足，杂草生长旺盛，要勤除杂草，除草做到除小、除早，在霉雨季节，抓住间隔期无雨天气，做好除草工作。在6～8月杂草生长旺季，每月除草一次，但在7月高温干旱季节，除草时间宜选择在雨后土壤湿润时进行，尽可能避免在干旱时除草，以免影响母本茶树生长。

2. 病虫害防治 由于母本园培肥管理高，茶园环境条件有利于病虫害繁殖，茶树修剪后如果病虫害防治不及时，顶芽停止生长，会导致下部侧芽萌发，新梢数量多，养分供给不足，新梢生长细弱，达不到扦插枝条要求，生产上要加强病虫害防治工作。主要害虫有粉虱、茶小绿叶蝉、茶尺蠖、茶螨类等；病害有茶饼病、茶煤病等。

主要防治措施：在上年秋季用石硫合剂封园，减少越冬代病菌和害虫基数，在6～10月母本树枝条生长季节，根据上述不同害虫选择天王星、敌敌畏、扫螨灵等高效低毒、低残留农药，配置合理浓度进行喷雾防治。茶饼病、茶煤病等选用世高、咪酰胺、甲基硫菌灵等杀菌剂配置适当浓度防治。

第二节　苗圃基地建设

一、地块选择

1. 苗圃选择交通便利、排灌容易的大田，要求土层深厚肥沃，土质疏松，通气性、透水性良好，以沙性土为优，黏性重的土壤较差。

2. 同一地块不适合连续扦插育苗，一般要间隔 4 年左右，间隔期间进行水旱轮作，疏松土壤，减少土壤中的有毒物质，有利于扦插短穗愈合发根。

二、整地、制作苗床

1. 整地　第一步是用割灌机将稻草、杂草等地上部分进行低位切割，高度保留在 4cm 以下。第二步是地块全面进行深翻，深度 30～35cm，然后进行耙耕，用长度 20cm 的铁齿钉耙将深翻过来的大块泥土打碎。

2. 设置排灌沟　面积较大的苗圃合理设置排灌沟，容易积水的地块，在上方设置一条深 50～60cm、宽 50cm 的拦洪沟，在地块低洼处自上而下开挖一条深 40～50cm、宽 40～50cm 的排水沟，使雨季积水能及时排出，旱季方便引水灌溉。

3. 制作苗床　根据地块设计苗床规格，一般苗床宽度 110～120cm、高度 15～20cm、长度 15～20 m。每条苗床设置一条宽 35cm 左右的小水沟，称之为苗床沟，方便日常操作，利于排水和灌溉。小水沟深度，农田以刨土至犁底层为准，将沟中泥土全部刨到苗床的畦面上，用木耙平整畦面，上面均匀铺盖一层细碎的黄泥生土，厚度 2～3cm，黄泥生土浇足水，使其湿润，然后上面覆盖薄膜，在薄膜上用平滑木板或专用压床工具垂直向下进行敲打，压紧上层黄泥土。

制作苗床

三、扦插技术

1. 扦插规格 根据不同品种叶片大小合理确定苗床行株距，一般按 8～9cm 距离在床面上划行距，株距以短穗插入苗床后叶片不会相互重叠为准，景白 1 号、景白 3 号的叶幅比景白 2 号窄，株距可相对小些。

2. 枝条采集 夏插由于气温高，剪取枝条要避开中午高温时段，应在上午 11 时以前，下午 4 时后进行，剪下的枝条应在 1d 内完成扦插，防止剪取的枝条存放时间超过 24h，影响成活率。秋插枝条应提早 1d 剪取，存放期间喷水保湿，防止叶片失水干枯，枝条全天都可剪取，但要注意遮阴防晒，枝条在 48h 内完成扦插为宜。

3. 短穗剪取 在采集枝条的当天晚上剪取短穗，用整枝剪或锋利的普通剪刀，由下而上一次剪取，要求剪口平滑，不要撕破枝皮，同时剪去短穗上的花蕾。长度 3～4cm，顶部留一叶、一芽，剪口呈 45°倾斜。剪取短穗时上端宜短，以不伤及腋芽为准，这样枝条每一节可剪取一个短穗，能节省扦插枝条用量，降低成本。

4. 操作方法　扦插前先将苗床喷水湿润，待泥土不黏手时即开始扦插。从苗床的一端开始，在苗床上放适量待扦插的短穗，单手用拇指和食指捏住短穗上端，将其扦入苗床土中，以短穗长度的1/3露出床面为准。夏插气温高，扦插在上午11时之前、下午3时以后进行，避开高温时段。同时，每隔1～1.5h喷水1次，保持苗床土壤湿润，及时遮阴，防止烈日暴晒。

5. 扦插季节　景宁白化茶品种扦插繁殖主要以夏插和秋插为主，夏插一般在5月下旬至6月下旬，秋插一般在9月下旬至10月上旬，最迟不超过11月下旬为好。不同品种适宜在不同的季节扦插，景白1号每年的4～5月是老叶落叶更新时期，成叶在这一时段集中落叶，为了避开落叶期对成活率的影响，生产上采用夏插（5月下旬至6月下旬），成活率高。因为夏插发根快，剪口在当年已愈合生根，茶苗也快速生长，在当年能够生长出5～6片新叶，扦插苗已成活，翌年4～5月的落叶期对成活率没有影响，成活率达80%以上。秋插在翌年4～5月插穗伤口才开始愈合，此时，正时景白1号生理落叶高峰期，插穗落叶后不能进行有效的光合作用，生长受到严重制约，随后出现大批枯死，因此秋插的成活率低，只有40%～50%。景白2号、景白3号不存在落叶高峰期，秋插成活率高，茶苗生长健壮。

6. 短穗遮阴　遮阴是关系到景宁白化茶品种短穗扦插成活率的关键技术环节，夏插气温高，短穗扦插后应及时搭棚遮阴，选用遮阳率60%～70%的遮阳网。秋插一般选用遮阳率50%左右的遮阳网，每隔4h对插入苗床的短穗搭棚遮阴。

7. 苗圃防冻　景宁地处山区，冬季气温低，高海拔区域和秋插苗圃基地要重视苗圃防冻工作。小雪节气后，在遮阳网内侧加盖薄膜，苗床宽度为120～130cm选用200cm宽的薄膜。覆盖薄膜后，要在两侧将薄膜和遮阳网加固，防止风吹掀动薄膜，利于保持苗床温度，提高防冻效果。苗圃遇到风雪天气，应及时清除积雪，加固防寒遮阴棚，预防雪后严寒使苗木受冻。

四、茶苗培育管理

1. 苗圃水分管控　夏插（5 月下旬至 6 月下旬）苗圃，在扦插初期（10d 内）的晴天高温天气，要求每天早晚各浇水 1 次，阴天每天浇水 1 次；在插后 10～20d 苗床疏松期，一天浇 1 次水，发根后保持土壤湿润即可。秋插（9 月下旬至 10 月上旬），天气开始转凉，在扦插初期（10d 内）每天傍晚浇水 1 次，阴天隔天浇水 1 次；在插后 10～20d 苗床疏松期，2～3d 浇 1 次水，覆盖薄膜后一般不需浇水，如果土壤干燥，用跑马水灌溉，水深控制在苗床小水沟高度的 1/3 为宜，灌溉时间在 24h 内。

2. 施肥　苗圃施肥原则：底肥和追肥结合，追肥为主，底肥为辅；薄肥勤施，施液体肥，先淡后浓，少量多次。

秋插苗圃在短穗普遍发根后，于翌年 6 月开始施液体肥，夏插（5 月下旬至 6 月下旬）气温高，短穗愈合发根快，苗圃在 7～8 月施第一次液体肥。一年生茶苗共施肥 5～6 次，在茶苗生长旺季，每隔 15～20d 施 1 次。施肥浓度，第一、第二次施液体肥，一般用 0.3%～0.4%的硫酸钾型复合肥，第三、第四次，一般用 0.5%的配方液体肥（每 50kg 水加硫酸钾型复合肥、尿素各 0.125kg），第五、第六次，一般用 0.5%～0.6%的尿素。

3. 勤除杂草　茶苗新梢长至 10cm 前或成活率低的苗圃，裸地面积较大，容易生长杂草，要及时清除杂草，杂草要除小、除早。规模大的秋插苗圃基地在翌年春茶采摘前和霉雨季到来前分别进行两次除草，防止因人工紧缺延误除草最佳时期，杂草一般只能用手拔，苗床小水沟、排水沟上的杂草可用除草剂除草，但要采取苗圃覆盖遮阳网、喷头套上防雾罩、贴近沟底喷施等措施，防止除草剂误喷到茶苗上，造成死苗。

4. 覆盖管理　苗圃遮阴棚上的覆盖物有两层，内层覆盖薄膜，主要作用是防冬季低温冻害，外层覆盖遮阳网，主要作用是遮阴，阻挡直射光，减少插穗叶片水分蒸发量。秋插苗圃，翌年春季根据天气变化对覆盖薄膜进行科学管理，气温升高到 30℃及时揭开薄膜，春季插穗发芽后，遇到寒潮天气，气温降至 2℃以下覆盖薄膜防寒保暖，防止新发嫩芽受冻，清明节气过后，气温升高及时揭去内层薄膜。立秋后天气转凉，选择雨后阴天，苗圃地土壤水分充足时及时揭去外层遮阳网。

5. 打顶修剪　秋插苗圃在 8 月中、下旬，如果只有少数茶苗株高达度 20cm 以上，用人工打顶，采去顶芽，如果株高 20cm 以上的茶苗数量占成活茶苗总量的 30%～50%，用修剪机剪去上部嫩梢，这些茶苗顶芽会暂停生长，控制优势茶苗高度，有利于弱小茶苗加速生长，增加株高。通过采取上述措施，促进茶苗群体的生长平衡，有效提高合格苗木出圃率。

6. 病虫害防治　根据母本园病虫害发生情况，采取相应的防治措施，若母本园某种病害或虫害发生较重，秋插后苗圃要针对该病害或虫害进行一次封园防治，选择在覆盖防寒薄膜前进行，时间一般为扦插完成后 15～20d。翌年春季 4 月中旬以后，注意观察病虫害的发生，及时采取防治措施，依据病虫害发生种类，选择合适的药剂，药剂浓度参照常规生产茶园标准。

7. 茶苗质量与等级　茶苗等级以一足龄或一年生扦插苗的株高、根颈茎粗、根长及根数等为主要判定依据，同时参考茶苗的着叶数、一级分枝数等其他指标，分为一级苗、二级苗。低于二级苗标准的为不合格苗，不得作为新建基地种植茶苗。出圃景宁白化茶品种茶苗应符合景宁县地方标准 DB 331127/T075—2018 规定的景宁白化茶苗木质量要求（表 3）。

表 3　景宁白化茶苗木质量要求

级别	苗高（cm）	根长（cm）	茎粗（mm）	着叶数（片）	一级分枝数（个）	检疫性病虫害
一级	>25	>2.5	>4	>7	≥1	不得检出
二级	≥17	≥1.8	≥3	≥5	≥0	不得检出

五、景宁白化茶品种扦插技术创新研究探讨

1. 沙性土壤扦插繁育法　景宁白化茶品种在红黄壤土质的扦

插繁育发根时间比一般品种长15～20d，造成扦插繁育成活率、出圃率低，以往的扦插繁育经验认为沙性土壤保水、保肥性差，不适合作为扦插繁育苗圃基地。为缩短发根时间，有效避开江南雨季对扦插繁育发根的影响，景宁县农业科技人员通过技术创新，利用沙性土壤透气性好、春季升温快的特点，缩短了景宁白化茶扦插繁殖的愈合发根期，同时，配合生根药剂扦插繁育新技术的应用，成功掌握了沙性土壤扦插繁育技术，显著提高了成活率与出圃率，使景宁白化茶扦插成活率从60%提高到80%～90%。该项技术推动了全县育苗产业快速发展，为大规模推广应用奠定了基础。

技术要点：在扦插苗床铺厚度为3.5cm的黄泥土，确保短穗插入土壤部分在黄泥层中，解决了沙性土壤保水性差的问题。选用遮阳率60%～70%的遮阳网，降低沙性土壤水分蒸发量，有利于苗床保水、保湿。秋插景宁白化茶品种翌年4月揭去薄膜后，气温达25℃以上时，晴天每隔3d、阴天每隔5d喷水1次，有效防止春季发根关键期的插穗枯死。7～9月茶苗生长旺期，每隔10 d施0.6%（每50kg水加硫酸钾型复合肥150g、尿素150g）的液肥1次，解决了沙性土壤肥力低、保肥性差的难题。应用此法，景白2号扦插成活率达到80%～90%，苗高达25cm。

2. 科学管控苗圃水分，提高景宁白化茶品种扦插成活率 秋插苗圃翌年4月薄膜揭开后的气温和土壤含水量与茶苗扦插成活率关系密切，由于此时插穗尚未发根，气温高、土壤含水量低容易造成插穗嫩芽枯死，茶苗成活率下降，苗圃遇到连续高温少雨天气要及时喷水保湿。5～6月霉雨季节，秋插茶苗刚开始发根，苗圃要及时清理排水沟，使雨水能及时排出，防止积水烂根。

3. 根据品种特性选择合适的繁殖方法 景宁白化茶不同品种扦插成活率不同，景白1号品种扦插苗生长慢，成活率低，种植后茶树长势较弱，同时，株型直立，分枝较少，适宜用嫁接繁殖。景白2号品种扦插成活率高，茶苗种植后长势良好，同时，分枝较密，产量高，更适宜采用扦插繁殖，种植推广成本低，容易在生产上大面积推广应用。

第四章
标准化新建茶园建设

第一节 影响景宁白化茶品种生长与白化性状的环境条件

景宁白化茶品种是景宁惠明群体种长期受到自然环境影响而发生变异的白化新品种，主要表现为春季萌发新梢的叶、茎、脉呈白色或黄白色，随气温变化升高会发生可逆性复绿。影响景宁白化茶品种生长与白化性状的主要环境条件是温度、光照、土壤养分等。因景宁白化茶品种母本单株所处的小气候条件不同，各个品种之间对环境条件的敏感度差异较大。

一、景白1号品种母本树

该品种来源于景宁县鹤溪街道惠明寺村惠明寺寺院后山，海拔550m。一般每年2月底至3月初开始萌芽，3月底至4月上旬开采。每年新发的嫩芽刚萌发时呈紫色，随着芽的膨大，由一芽一叶初展时变为乳白色，所萌发新梢芽、叶、茎、脉全部为乳白色，一芽一叶至一芽三叶白化形状表现最为明显，对温度反应敏感，5月上旬以后随着气温的升高，新萌发芽叶颜色逐渐还原成紫色。

二、景白 2 号品种母本树

该品种来源于景宁县鹤溪街道张春村茶园，海拔 200m，属于温敏和光敏综合型白化茶。一般每年 2 月下旬开始萌芽，3 月下旬至 4 月初开采，开采期比景白 1 号早 5～7d。每年 3～5 月新萌芽头初为乳黄色，随着芽头长大，后为黄白色，新梢芽、叶、茎、脉均表现为黄白色，5 月下旬到 6 月上旬随着气温升高叶色逐步转为绿色，秋季 9～10 月小阳春，随着气温回落，新萌发芽叶又二次转变为黄白色，细嫩芽叶春、秋两季白化性状表现优异，白化期间鲜叶品质特佳。

三、景白 3 号品种母本树

该品种来源于景宁县鹤溪街道旱塔村农户茶园，海拔 230m，属于温敏型白化茶。一般每年 3 月中旬开始萌芽，3 月底至 4 月上旬开采，新发芽头初为嫩黄色，随着芽头膨大，茶芽萌发初期开始变成乳白色，芽、叶、茎、脉全白，一芽一叶初展至一芽四叶期乳白色最为明显，5 月底气温升高后叶色逐步复绿。景白 3 号同其他同类白化茶相比具有明显的优异性。一是早春萌发的嫩芽在萌发初期就表现为乳白色，一芽一叶初展乳白色十分明显，而其他同类白化品种一般要一芽二叶才表现明显白化性状。二是白化性状稳定，春茶白化期间温度的升高对白化性状影响小。三是白化性状不会受种植区域海拔高度的影响，特别适宜低山区种植发展。

四、气象因素

1. 温度 温度是影响景宁白化茶品种白化性状的主要因素之一，春季新梢萌芽后，最高气温在 20℃以下，且昼夜温差大，鲜叶白化度佳，品质好。最高气温达到 25℃以上、日均气温达 19℃时，新生叶片的叶绿素含量增加，叶色开始复绿，春季新梢生长期间气温升至 30℃，且持续时间 5d 以上，叶色复绿明显，鲜叶白化品质下降，但不同品种之间温度对白化性状的影响有较大差异，景白 1 号品种对温度变化敏感，景白 2 号品种次之，景白 3 号品种白化性状受气温影响较小。

2. 光照　光照对光敏型白化茶的白化性状影响较大，浙江大学郑新强团队研究结果表明：光强度对这类品种中叶绿素和类胡萝卜素生物合成等相关基因表达的影响显著，强烈的阳光通过抑制叶绿体中基粒堆叠和类囊体的发育，诱导叶绿体发育不全。同时强光抑制编码催化类胡萝卜素氧化裂解酶的基因表达，从而导致白化叶片中紫黄质和叶黄素等类胡萝卜素的积累，因此叶绿素缺乏和类胡萝卜素积累是导致光敏型白化茶新梢白化的原因。

景白 2 号属于温敏和光敏综合型白化茶品种，春季新梢白化性状受光照和温度的双重作用，要求茶园光照充足。景白 3 号属于温敏型白化茶品种，温度是影响春季新梢白化期长短的主要因素。

3. 海拔　在 200～800m 海拔区域范围内，高海拔茶区比低海拔春季气温低 3～5℃，且昼夜温差大，有利于氨基酸等内含物质的积累，种植的景宁白化茶品种白化性状优于低海拔茶区，但各品种间存在较大差异，景白 1 号品种母本树生长在海拔 550m 地域，其无性繁殖茶苗适应于高海拔茶区种植。景白 2 号和景白 3 号品种母本树生长在海拔 200m 茶区，无性繁殖茶苗在低海拔茶区种植其白化性状表现良好，在海拔 500～800m 茶区种植，白化性状表现更为优异。

五、土壤条件

土壤环境条件包括物理、化学、生物环境 3 个方面。土壤的 pH、土层厚度、土壤肥力、有机质含量等是影响茶树生长的主要因素，土壤条件的优劣与景宁白化茶品种的产量和自然品质有直接关系。

1. 物理环境　土壤物理环境是指土层厚度、质地、结构、容量和孔隙度，以及土壤水分、空气等因素。土层深厚有利于保持土壤中的养分和水分，茶树根系容易向下伸展分布，根深叶茂，茶树生长良好。景宁白化茶品种根系弱于常规适制绿茶品种，土壤地下水位高，孔隙受堵，会造成根系缺氧烂根。适宜白化茶生长的地下水位在80cm以下。土壤团粒结构良好、通气性好、土质疏松、沙质壤土有利于景宁白化茶生长。

2. 化学环境 土壤酸碱度、有机质和无机养分含量等是影响茶树生长的主要土壤化学环境，适合茶树生长的土壤酸碱度（pH）为4.0～6.5，以4.5～5.5最适宜茶树生长，景宁县域内土壤化学环境均适合茶树生长。

有机质含量是衡量土壤肥力的主要指标，根据我国目前土壤肥力水平，有机质含量2.0%～3.5%的为一等土壤，有机质含量1.5%～2.0%的为二等土壤，有机质含量在1.5%以下的为三等土壤。景宁县森林覆盖率名列全国前列，土壤有机质含量高，多数茶区为一等和二等土壤，有利于景宁白化茶品种生长，但景宁白化茶品种白化性状的特殊性对土壤有机质有独特的要求，土壤氮素含量不能过高，否则，会促进叶绿素的合成，不利于白化品质的形成。

3. 土壤微生物 土壤微生物是土壤中物质转化的动力，土壤的固氮作用、硝化作用、腐殖质的分解和合成等都与土壤微生物活动有直接关系。在茶园管理中要因地制宜，采取切实可行的措施，尽量减少人为作业对土壤微生物的影响，保护微生物多样性，改善土壤的物理结构，提高土壤肥力，形成茶树良好的生长环境。

第二节 新建基地建设

景宁白化茶品种新建基地应按照标准化茶园要求进行建设，规模基地营造前，要全面了解地块的土壤环境、气象条件、品种对环境条件的要求，根据客观条件科学规划设计，合理布局搭配品种，为建设高产、高效、优质的标准化新茶园打好基础。

一、茶园规划设计

1. 原则 茶园基地规划建设应减少水土流失，保护和改善茶区生态环境，维护茶园生态平衡，发挥茶树良种的优良特性，提倡头戴“帽”，脚穿“鞋”，保护好茶园四周植被，规模较大的基地实行山、水、林、路综合配置，路旁设沟，四周植树以形成可持续发展的长远布局，合理设计主干道和操作道，以利于茶园管理和机械化作业。

茶园基地

2. 园地选择　景宁白化茶基地宜选择坡度25°以下、土壤pH 4～6.5、有机质含量1.5%以上、土质疏松、透气性好的地块。山地要求土层深厚，生态环境与小气候条件较好的缓坡地带，也就是我们平常所说的“馒头山”，水利条件好，可以引水灌溉，更加适合发展景宁白化茶品种。选择已荒芜的田地和旱地规划新建茶园，土壤肥力好，茶园投产快，效益高。

3. 道路规划设计　规模较大的新建茶园基地，要根据面积来规划设计茶园道路网，有主干道和操作道，规划要路路相通，组成道路网，主干道宽4～5m，要规划合理的地头道，方便车辆和耕作机械掉头，防止出现断头路。

4. 排灌沟渠规划设计　新建规模茶园基地要以水土保持为中

心，雨季能排水防涝，旱季能保水抗旱，科学合理规划设计茶园排灌系统。在茶园上方与其他园地（林地）的交界处设一条拦洪沟，沟深50～70cm、宽60～80cm，具体根据地块的最大洪流量确定。茶园下方与农田（园地）等交界处，设计一条保护沟，及时排出茶园流失的水土，保护农田（园地）。容易受旱的地块，在水平带内侧设计竹节沟，截留天然雨水，减少受旱概率。在容易浸水的落湾田，要深挖排水沟，沟深60～80cm、宽60～70cm，具体根据地下水位决定。并根据生产需要合理设置水池。

5. 品种选择与搭配 新建景宁白化茶品种茶园基地，要根据当地气象、土壤条件，采摘加工条件，结合品种特征特性，选择合适的品种组合，充分发挥景宁白化茶品种的特异性，实现基地的高产、稳产、优质、高效。一是根据气象条件选择品种，主要是根据温度和光照条件来选择合适的品种。景宁县域内影响温度的主要因素是海拔，高海拔（600m）以上区域，冬季极端低温低，适宜种植景白1号品种；海拔600m以下适合选种景白2号、景白3号品种。春季光照充足的地块，种植景白1号、景白2号品种白化性状表现优异，鲜叶品质好。地块四周森林茂盛、树荫遮蔽、光照不足的地块适合种植景白3号品种，夏季高温时节叶片生长良好，春季芽头肥壮，内含物质丰富，鲜叶品质优。二是根据采摘条件组合搭配品种。随着景宁白化茶品种种植规模的不断扩大，采茶工短缺，新发展规模化基地时要合理组合搭配品种，错开采摘“洪峰期”，延长可采摘季节，景白3号品种开采期比景白2号迟10d左右，两者组合搭配，可增加有效采摘时间，缓减采茶工短缺。景宁县低海拔茶区，茶园面积在200亩以上的基地，采用景白2号、景白3号和乌牛早等特早芽品种组合搭配，景宁白化茶品种与特早芽品种开采期相隔20d左右，这种品种组合有利用于错开不同品种采摘期，使采茶工得到最大化利用。

二、基地开垦

1. 旱地、田地 荒田、荒地要全面清理杂木草类等作物，再进行深翻复垦，深度应达到 40～50cm，田地应打破犁底层，地下水位高的落湾田要根据地形开好排水沟，防止新种茶苗雨季积水受涝。

茶园基地开垦

2. 坡地　坡度在 10°以下的缓坡地按等高线横向开垦，10°～15°缓坡地宜建梯层水平带，水平带最狭处梯面宽在 2m 以上；坡度 15°以上的陡坡地，水平带最狭处梯面宽在 1.2m 以上，梯面应外高内低。

3. 机械作业　由于劳动力紧缺，大规模新建基地用人工开垦难以完成。景宁县近年来新建规模基地推广使用挖掘机开垦作业，积累了丰富的生产经验。主要技术：一是选用灵活机动性好的中、小型挖掘机作业，方便机手操作。二是荒田、荒地开垦时，要尽量减少对耕作层的破坏，保持现存土壤肥力。三是坡地采用由上而下作业，提高开垦作业效率。

4. 复垦熟化　种植前对开垦的生地再次进行土壤深翻使其熟化。复垦深耕 30cm 以上，清除园内宿生性杂草和杂木、竹类等多年生植物。

5. 生态观光茶园建设　新建茶园开垦注重生态环境的保护和修复，根据地形条件保留原有株型高大的植物，并充分利用茶园四周的空地种植经济作物和观赏植物，高山地区新建茶园基地时应在茶园的北风口位置营造防风林。主要道路、沟渠两边种植行道树。观光茶园要建设茶园游步道，种植绿化树、花卉等，在选择观赏植物时要避开茶树病虫害冬季在观赏植物上越冬的种类。

生态观光茶园

通过保护和修复生态，建成以茶树为主体的多层次复合型生态茶园，上层乔木、中层茶树、下层禾本科植物的立体型茶园，上层乔木可以适度调控茶园温度、湿度、光热等小气候条件，下层禾本科植物可以减少新建茶园水土流失，增加土壤腐殖质，提高土壤有机质含量，通过小气候和土壤环境调控，建设高产优质的生态茶园。

三、茶苗种植

1. 合理布置行株距　根据景宁白化茶品种的发芽和分枝特性结合白化性状合理布置行株距，行距1.3～1.4m，株距30～35cm。景白1号、景白3号分枝较疏，行距1.3m、株距30cm为宜；景白2号分枝密，行距1.4m、株距35cm为宜。景白1号属于光敏型白化茶品种，景白2号属于光敏、温敏综合型白化茶品种，春季萌发芽叶白化性状表现与光强度密切相关，适宜采用单行种植，提高个体植株的受光面积。景白3号属于温敏型茶树品种，且分枝较疏，光照强弱对白化性状影响较小，宜合理密植，采用双行密植茶行，大行距 1.4m，小行距 40～45cm，株距 30cm，大田每亩栽种 3 500～4 000株，山地茶园每亩栽种3 000～4 000株。

种植茶苗

2. 深挖种植沟，施足有机肥　景宁白化茶品种根系不如常规品种发达，新建基地要挖好种植沟，施足底肥，对幼苗根系的生长发育至关重要，地下根系发育良好，吸收养分充足，幼苗才能茁壮成长、枝繁叶茂。

（1）*深挖种植沟*　根据定植茶行开挖宽 40～50cm、深 50～60cm 的种植沟，挖种植沟时把耕作层的表土和内层生土分开堆放，挖好种植沟交换回填表土和内层生土，提高深层土壤肥力，利用植物根系的趋肥性诱导茶苗根系向深层土壤生长。

（2）*施足有机肥*　有机肥作底肥使用能起到改良土壤、提高肥力等作用，是化肥所不具备的，在新建茶园基地时要底肥深施，土壤贫瘠的地块要重施底肥。底肥可选择厩肥、栏肥及商品有机肥等，亩施用腐熟有机肥1 500～2 000kg，采用分层施入的方法施入底肥，中间用土层分开，顶层覆盖 30cm 厚的新土，使茶苗根系不会直接接触肥料；山地茶园施入底肥覆土后，形成一个“凹”字形

开沟施肥

小水沟种植面，小水沟中间比两边低 10cm；易积水的田块，施好底肥覆土后种植行平面高出地表面 10cm，然后清理水沟，使排水通畅。

3. 品种选择 选用景白 1 号、景白 2 号、景白 3 号等白化茶品种，苗木质量标准符合景宁县地方标准（DB 331127/T075—2018）景宁白化茶苗木质量要求。

4. 茶苗定植

（1）栽苗季节 秋、冬季气候温暖，海拔 400m 以下的低山地区，宜 10 月下旬至 11 月上旬栽种茶苗；秋、冬季气温较低，海拔 400m 以上的高山地区，应选择早春 2 月上旬至 3 月上旬，茶苗发芽前为移栽的最佳适期。移栽选择在阴天、雨后土壤含水量充足时为宜。

（2）茶苗保温、保湿技术 景宁县中、高海拔区域生产的景宁白化茶品种鲜叶白化性状更为优异，中、高海拔区域是新建基地的重点地带，由于地处高山，春季种植时日最低气温低，茶苗起运到基地在种植前根部裸露，容易受冻；同时，茶苗起苗后水分蒸发快，若茶苗缺水种植后成活率下降。景宁县农业科技人员经过反复研究与实现，提出了新建基地茶苗保温、保湿技术。

技术要点：选择苗地水分充足时起苗，并尽量少伤根系；茶苗运达目的地后及时放置在阴凉的室内防止发热，地上浇适量水，然后将茶苗竖放在地面上，上面覆盖地膜保湿、保温，保持叶片水分，防止叶片失水枯萎，并能有效提高地膜内温度，防止茶苗根部受冻。通过推广应用上述技术种植的茶苗，比传统的茶苗黄泥浆根法在成活率方面有明显提高，并能节约劳动力成本15%左右。

（3）苗穴规格　依据茶苗的大小确定苗穴规格，大苗挖大穴，小苗挖小穴。一年生的茶苗，一般苗穴深度为15～20cm、穴宽8～12cm；二年生茶苗根据茶苗大小确定苗穴的深度与宽度。

（4）定植数量　根据景宁白化茶品种的分枝密度确定每穴茶苗株数，一、二级苗分开种植。景白2号分枝密，每穴定植一级茶苗1株，二级茶苗1～2株，每亩栽苗量2 500～3 000株；景白1号、景白3号分枝较疏，每穴定植2株为宜，每亩栽苗量3 000～3 500株。

（5）定植技术　定植穴挖好后，定植茶苗。定植茶苗时应一手扶茶苗，一手将细碎的泥土填入穴中，待填土不露细根后，轻轻将茶苗向上提，让根系伸展，然后覆土压紧，加松土到原泥面稍高2～3cm，茶苗定植后遇到连续晴天，要及时浇水保苗，防止新种茶苗受旱缺水干枯，提高成活率。

第五章
茶园培育管理

三分种，七分管，茶园科学培育管理是高产优质关键环节，在茶树整个生长发育阶段中，幼龄茶树抗逆性弱，容易遭受高温干旱、低温冻害、雨季受涝及病虫害、草害等各种危害。精细化管理、科学培肥、合理修剪、培育丰产型树冠骨架，才能实现新建茶园的快成园、早投产，缩短幼龄管理期，降低培育管理成本，提高生产经济效益。

第一节　幼龄茶园管理

一、幼苗期管理

1. 除草松土　每年松土 2 次，深度 2～5cm，松土时避免大量损伤茶树吸收根。松土时间，春茶后（5 月上中旬）和夏茶后（8 月下旬）各 1 次。松土时应避开高温干旱季节。

新建茶园除草用工多，成本高，一方面茶树小不适宜采用机械除草；另一方面茶行间裸露空地多，杂草生长旺盛，容易造成草害，影响幼树生长，严重的还会造成死苗。除草要做到除小、除早，茶苗边杂草以手拔为主，防止松动，除草时结合松土，松土深度 2～3cm，旱季前茶苗两边适当培些松土，除草次数一年 3～5 次，松土 1～2 次。选择合理的除草时间，景宁县域在 5～6 月雨季结束前全面清除杂草，7～8 月晴热高温季节，选择雨后土壤湿润时除草。连续高温，茶园干旱，容易造成死苗，不适合除草。

2. 排涝防旱　田地种茶，特别是地下水位高的落湾田，第一年以排园水、防积水为重点，落湾田应深挖排水沟，主排水沟深度60cm以上，4～6月雨季应清沟排水；山地茶园防旱灾，水平带内侧开好竹节沟，在合适的位置挖好蓄水塘，使小雨不出园，大雨满出园。

3. 抗旱保苗　夏季和秋季若遇到连晴天气，在茶苗出现旱情初期及时浇水抗旱，可以采用浇水和施液体肥两种方式相结合，液体肥用硫酸钾型复合肥加水配成0.5%肥液进行浇土。具体操作技术：浇水抗旱1～2d后，用0.5%肥液进行浇土施肥，间隔2～3d后再次进行浇水抗旱，施液体肥以10d为一个周期，一周期内施一次为宜，浇水抗旱次数根据旱情严重程度决定。

4. 覆盖遮阴　茶园覆盖可就地取材，在夏天干旱季节前清除园内杂草，然后进行覆盖遮阴，在茶园行间铺上一层厚3～5cm鲜草、稻草等。

茶园遮阴能有效减少水分蒸发，提高抗旱效果，景白3号遇到高温叶片会发生卷曲变形，用遮阳率50%左右的遮阳网搭棚覆盖遮阴，能使叶色绿润，叶片生长良好，起到抗旱保苗和促进幼苗生长双重作用。

5. 间作套种　新建茶园行间可利用空间较大，可合理套种一年生的豆科及矮秆作物，以增加经济收入，能够起到抑制杂草生长的作用。但套种作物不能过密，不能同茶苗争水、争肥，否则会影响茶苗的生长。

6. 合理施肥　幼龄茶园施肥以“少量多次”为原则。秋种茶苗，翌年春季新芽萌发前施第一次追肥，5月初施第二次追肥；春种茶苗，一般5月中下旬开始施第一次肥，以后可以每月施1次追肥，一年内施肥3～4次，但旱季土壤缺水时不宜直接施肥，否则会加重旱情，适宜施液体肥，有利于茶苗吸收。追肥种类：农家人粪尿、尿素、硫酸钾型复合肥等。用肥量：前两次宜少量，亩用尿素6～8kg，以后可以适当增加用量。方法：可在降雨前撒施或施入茶行后再用锄头结合松土覆土。10 月后施 1 次基肥过冬，基肥采用配方施肥，有机肥搭配尿素和硫酸钾型复合肥等，开沟施入，施后覆土。

7. 适当补苗 种植时在行边假植少量茶苗，为补苗备用，至 10 月后（高海拔地区在翌年 2～3 月），选择雨后土壤湿润时，将苗连泥挖起移种到缺株的地方。补苗选用同品种的同龄茶苗或小一龄的一级苗。

二、合理定型修剪

1. 定型修剪标准 定型修剪分为 3 次，第一次在茶苗定植后，茶苗株高达到 20cm 以上随即进行定型修剪（茶苗株高达不到的应延迟一年），一般留高 17～20cm，基部无叶片的茶苗可适当增加高度，原则上确保留 4～5 片叶剪去上面部分。第二次定型修剪在种植一周年后进行，当株高达到 35cm 以上可剪第二刀，一般高度为在第一次剪口上提高 15cm 左右。第三次定型修剪在种植两周年后进行，修剪高度在第二次剪口的基础上再提高 15cm，即离地 50～55cm，剪去上面枝叶。

2. 定型修剪的时间 茶苗株高达到 20cm 以上的第一次定型修剪在定植时进行，达不到高度的要延迟 1 年。第二次定型修剪，茶园培肥管理优良的基地在春茶第一轮鲜叶采摘后立即进行，一般在 4 月中旬，正常管理的茶园在春茶发芽前进行修剪。第三次定型修剪可在春茶第一、二轮鲜叶采摘后进行，一般在 4 月下旬。

第二节　成龄茶园管理

一、茶树的修剪

1. 轻修剪 一年一次轻修剪，景宁白化茶品种茶树轻修剪比常规品种适当提早，时间宜在春茶结束后（5 月中下旬），修剪高度在上年剪口的基础上提高 3～5cm。

2. 深修剪 通过深修剪，剪去部分细弱枝，使当年新生枝条粗壮。一般每隔 2～3 年进行一次深修剪，时间为春茶后期进行（5 月中旬）。剪去树冠上绿叶层的 1/2，为 10～15cm。

3. 重修剪　用重修剪刀剪去茶树树冠的一半，留 40～50cm 高度，然后逐年提高树冠，培育良好的采摘蓬面。时间一般在春茶中期进行（4 月底前）。

4. 台刈　种植 10 年以后的景宁白化茶品种衰老茶树，用台刈铗或锋利柴刀将衰老茶树地上部分枝条在离地 10cm 处全部刈去，重新培育树冠。规模较大的基地，采用割灌机离树主干基部 8～10cm 处切割上部树枝，一般在春茶中期进行（4 月中旬）。

台刈修剪技术要点，要求剪口平滑；剪去侧枝、匍匐枝、病虫枝；修剪后保持茶园通风良好，并便于茶园管理。

二、茶园施肥

景宁县农业科技人员针对景宁白化茶品种特性，开展白化茶品种配方施肥技术研究，针对不同树龄推广使用茶园平衡施肥、合理施肥技术，景宁白化茶品种投产茶园秋季施基肥采用复合肥＋菜籽饼配方，使白化茶鲜叶芽头肥壮，内含物质高，提高了自然品质。

1. 施肥量　氮、磷、钾按 3∶1∶1 配施；追肥用量为每亩施尿素 20～35kg；基肥用量为每亩施复合肥 40～50kg、有机肥 300～500kg。

2 施肥次数　一年施 1～2 次追肥，1 次基肥。追肥一般在春茶后（5 月中下旬）、早秋（8 月上旬）施用。基肥一般在晚秋（10 中旬至 11 上旬）进行，具体根据海拔和气候决定，高海拔茶区适宜早施，低海拔茶区可适当延迟。选用复合肥和菜籽饼等有机肥作为基肥，能提高景宁白化茶品种鲜叶白化和自然品质。

3. 不同树龄施肥技术

（1）*投产茶园施肥技术*　投产茶园开展测土配方施肥，按照分期追肥、重施基肥、深施有机肥的原则进行施肥，减少化肥使用量。

（2）*低改茶园施肥*　低产低效改造茶园施肥按照追肥与基肥相结合、化肥和有机肥相结合的原则。施肥位置：改造后第一年在距离茶树主干 30～40cm 处开沟施肥，第二、第三年在树冠垂直所对地面开沟施肥。改造后的第一年因茶树根系与改造前相同，施肥位置与主干要保持一定距离，避免太近造成肥害。

4. 基肥早施技术 景宁白化茶品种以中、高海拔区域茶园为主，茶园秋季降温快，入秋时间早。根据这种情况，在生产中提出了基肥早施理念，施肥时间一般在晚秋（9 月下旬至 10 月下旬）进行，比低海拔茶区提早 15～20d，提高了春茶鲜叶内在品质。

5. 生物液态菌肥的施用技术 景宁高海拔茶园秋季气温比平地茶园低，采用生物液态菌肥进行土壤和叶面施肥效果更好。2019 年在景宁香香茶叶专业合作社九重阳大丘白茶岗示范基地开展生物液态菌肥试验，8～9 月两次土壤喷施生物液态菌肥，有效增强土壤有益菌的活力，提高了茶树生长势。

三、生态茶园管理

1. 茶园“养羊控草”技术 针对目前生态茶园管理成本逐年上升，效益下降的状况，景宁县提出“不求斩草除根，只求茶草和谐共生”的新理论，在浙江奇尔茶业有限公司三石天堂湖景宁白化茶园基地建成“养羊控草生态茶园”示范基地，推行管理新模式，引进种羊及繁殖→圈格放养→食草→控草监测→排泄物回收利用→茶园施肥→提质增效的技术线路，该项技术推广应用后节本增效明显，成本降低 34.5%。

（1）主要技术措施

一是网格化放养山羊。针对景宁山羊喜欢满园觅食，自由放养会造成茶园里有的地方杂草吃得较干净，另外的地方杂草疯长产生草害，茶园草害得不到有效防控的问题，科技人员设置高度 1.5m 的铁丝网或竹篱笆对羊群进行围栏圈养，设置羊群进出回栏通道，方便采茶和茶园正常管理。每 15～20 亩设置一个区块，缩小羊群的觅食区域，按照茶园每个区块杂草的生长情况进行放羊吃草，茶园杂草得到了有效控制。放养密度及方法：在 5～9 月杂草高发期采取高密度放养，10 月至翌年 4 月杂草衰败期采取低密度放养，

养羊控草

把杂草控制在茶蓬下面，不与茶树争阳光为适度。在杂草高发期，1头成年山羊的食草量一般可控1.5亩。放养时间：阴天、晴天时，每天上午9时前后开始将羊群放出羊栏赶往茶园，下午4时左右再将它们赶回羊舍，雨雪天则以栏养喂食草料和食料。

二是循环利用排泄物，提高土壤肥力。羊群在茶园吃草，边吃边踏草边拉屎排尿，相当于将有机肥撒播到茶园中。而羊群回栏后，排泄物集中到栏舍和发酵池里，收集成的液体肥、栏肥施用到茶园中，实现排泄物循环利用，增加了土壤有机质含量，改良茶园土质。据估算，1只成年山羊年产生有机肥500kg，可供应1亩茶园施用栏肥。

（2）取得成效　通过推行“养羊控草”技术，在以下五个方面取得了显著成效。一是解决了5～7月江南雨季杂草疯长无法控制的难题。二是有效控制了蕨菜、芒杆草、千斤拔等多年生且人工难以铲除的杂草。三是利用山羊吃茶花，控制茶树生殖生长，促进营养生长，提高产量，提升效益。四是羊排泄物循环利用，提高茶园土壤肥力。五是实现了节本增效，成本降低34.5％。

节本增效方面。该技术的实施有效控制了对茶园危害较大的多年生杂草，如蕨类、蔷薇科、马齿苋科、十字花科等较难处理的杂草。并辅助以机械除草，解决了景宁白化茶园的草害。辅助人工铲草1年1次，每亩需用工1人，日工资180元；机械劈草1年1次，每亩需用工0.4人，日工资130元；放羊管理员工资3 500元/月，换算成每亩需投入210元；机械修剪后覆盖茶园1年2次，每亩需用工0.5人，日工资180元。合计每亩需投入622元，比实施前每亩917～950元，节省人工成本295～328元，成本降低34.5%（表4）。

表4　茶园养羊控草技术实施效果对比

序号	实施前		实施后		增（减）率（%）
	内　容	数量（元）	内　容	数量（元）	
1	铲草：1年1次，每亩用工2人	360	铲草：1年1次，每亩用工1人	180	－50
2	机械劈草：1年4次，每亩用工0.5人	260	机器劈草：1年1次，每亩用工0.4人	52	－80
3	种草：1年1次，每亩用工1人	150	—	—	—
4	机剪覆盖茶园：1年2次，每亩用工0.5人	180	机剪覆盖茶园：1年2次，每亩用工0.5人	180	0
5	—		放羊管理	210	—
	合　计	950	合　计	622	－34.5

2. 茶园机械除草技术　景宁白化茶品种基地有50%地处边远山村，随着农村人口逐年减少，劳动力紧缺，基地管理面临困难。要解决劳动力紧缺难题，实现茶园机械化除草是关键。景宁县通过生产实践在投产茶园推广机械除草技术，在澄照乡的三石村、际头村、四格，鹤溪街道旱塔村、惠明寺村，东坑镇深洋村、何村、章坑村、桃源村，梧桐乡角耳湾村、高演村，郑坑乡柳山村等已投产的23个茶园示范基地中全面应用机械除草技术。

茶园机械除草主要技术措施有以下几方面。

（1）树龄　景宁白化茶品种幼龄茶园（树龄在1～3年），只能在梯壁上进行机械劈草，茶行间不宜进行；新投产的茶园（树龄在4～5年）和成龄茶园可以在梯壁上及茶行间进行机械除草作业。

（2）机械除草时间　新投产的茶园（树龄在4～5年），茶行间采用机械除草，在每年5月上中旬、6月上中旬、8月下旬各1次，除草时应避开高温干旱季节，以利于茶树的生长。

（3）技术要点　新投产茶园每年除草3～4次，行间机械除草选择在杂草高度低于幼树8～10cm时进行，避免在杂草覆盖幼树时才进行除草，否则不利于茶树生长。成龄茶树每年除草2～3次，茶行间机械除草选择在杂草高度低于茶树10～15cm时进行。幼龄茶园、新投产茶园和成龄茶园梯壁机械除草每年2～3次，分别在6月上中旬、8月下旬、10月上旬各1次。

（4）取得成效　采用熟练工人进行机械除草，成龄茶树每亩需用工0.5人/次，按180～200元/工，每亩成本为90～100元；人工除草每亩需用工3人/次，150～180元/工，每亩成本为450～540元。机械除草每亩可节约成本360～440元。

3. 茶园“以草抑草”技术　在茶园行间套种紫云英、三叶草等绿肥，利用绿肥植物生长后盖覆茶园空地来抑制茶园行间杂草生长。在秋末冬初，茶园行间套种黑麦草，为山羊提供牧草资源，同时，利用黑麦草覆盖茶园抑制其他杂草的生长。种植的绿肥在翌年2～3月初割青，结合茶园中耕进行压青，增加土壤有机质含量。

第六章 生态茶园病虫害绿色防控

景宁白化茶品种茶园以梯田茶园为主，通风透光性能好，天然的优异环境，有利于茶树的生长，不利于病虫害的繁殖危害。针对景宁的实际情况，病虫害绿色防控措施主要是通过种植茶园绿化树，改善鸟类等生物的繁殖生息场所；通过茶园禁用除草剂，改良土壤生物活动环境；通过生态茶园灯光和性诱剂诱杀害虫，实现农药的限量控制使用。通过一系列综合措施的推广应用，来改善茶园环境条件，把病虫危害控制在最低限度。

第一节　病虫害绿色防控措施

1. 生态调控　维护和修复茶园生态环境，保护茶园益虫和天敌。采用及时分批采摘，控制茶橙瘿螨、茶蚜、茶小绿叶蝉等害虫；合理修剪疏枝，提高茶园通风透光性，减轻角蜡蚧、黑刺粉虱等害虫危害。春、夏、秋每季采茶结束后，茶园进行除草、浅耕，秋季结合深挖施基肥清除病虫枝，有效减少表土中越冬害虫的基数。合理种植茶园生态树，构建以茶树为优势种群，其他有益林木和谐共生的多元化生态环境。建成茶园土壤有益微生物丰富，生物种群多样，益虫控制害虫的优良生态系统。

2. 生物防控　保护和利用当地茶园中的有益生物，减少病虫害防治等人为因素对天敌的伤害，在茶园普及推广使用微生物农药、植物源农药和矿物质农药，如除虫菊素、苦参碱、藜芦碱、石硫合剂、生物制剂等，防治茶树害虫。

3. 理化诱控　在虫害发生高峰期，利用太阳能杀虫灯、诱虫板等进行灯光、性诱剂捕杀，在病虫害越冬期和春季病虫害发生前关闭太阳能杀虫灯，保护好茶园天敌。光波诱控，选用光波频率窄的 LED 窄波杀虫灯控制茶园害虫，减少诱杀益虫的数量。色板诱控，使用素馨黄板配以小绿叶蝉信息素，诱杀黑刺粉虱、假眼小绿叶蝉、蚜虫 3 种害虫的成虫；使用浅绿色板，诱杀绿盲蝽成虫。景宁白化茶品种茶园主要针对假眼小绿叶蝉、茶毛虫、茶尺蠖等成虫进行灯光和诱虫板诱捕防控。

黄板诱杀害虫

4. 化学防治　使用高效、低毒、低残留农药；严格按照防治指标、防治适期施药；优先选用广谱性农药，达到一药多治的效果，合理轮换、混用使用农药。根据害虫生长发育虫龄合理配制药液浓度，尽可能采用低浓度药液防治，正确使用农药配制稀释方法，粉剂农药采用先用少量水浸泡 30min，再加足量水配制稀释的方法，使粉剂农药充分溶化，以减少农药残留，提高用药效果；限量使用高效、低毒、低残留农药，实现农药减量增效防控技术。

第二节　主要病虫害及化学防治技术

一、防治机具和操作人员安全防护

1. 防治机具　目前，景宁县中小农户常用茶园防治机具主要有背负式手动喷雾器、电动喷雾器、弥雾机等；公司、合作社和家庭农场等主体管理的连片茶园，选用担架式自动喷雾器和茶园植保无人机进行防治，省时省工，防治效果好。

2. 施药操作人员安全防护　根据病虫种类和农药特性对症下药，适量用药，即严格按剂量用药。作业人员要戴好防护口罩，身穿长衣、长裤，脚穿鞋、袜；操作时采用顺风喷药，夏季喷药时间宜选择在早上和傍晚，错开中午高温时段施药。施药作业完成后要彻底清洗手、脸及身体，然后再用餐。

二、合理搭配农药和适时防治

1. 选择药剂及合理搭配农药　我国生产销售的农药种类多，采用化学农药进行防治时，要选择适合在茶树上使用的农药，根据茶树季节和病虫害发生情况、农药有效成分含量、农药化学性状（禁止酸性和碱性农药混合使用）等合理搭配混合使用，提高药效，降低防治人工成本，有效控制农药残留，提高茶叶安全卫生标准。

2. 加强观察，适时防治　根据景宁县茶园病虫害发生规律，在5～10月病虫害繁殖期，要经常到茶园对主要病虫害进行实地调查，观察病虫害发生情况，按病虫防治指标进行防治，适期用药，即在害虫对农药最敏感的发育阶段进行施药。病害在发病初期，对发病中心点茶树进行防治，对中心点附近茶园进行预防性喷药。虫害选择幼龄虫期防治，可降低使用农药浓度，减少农药残留，提高防治效率。

三、茶园病虫害统防统治

随着农村劳动力老龄化加快，茶园病虫害防治越来越困难，茶园病虫害实行统防统治是新阶段茶产业发展的需要。以前统防统治常用的担架式自动喷雾器、电动喷雾器、弥雾机等机具存在防治耗水量大、供水困难、防治效率低、作业人员劳动强度大等不足之处。植保无人机作为新一代智能型植保机械，具有作业效率高、作业安全、高效环保、对各类茶园地形适应性强等优点。但茶园使用植保无人机处于初级阶段，作业效果与药剂、作业机手操作技术的熟练程度、气象条件、作业参数等多项因素相关，只有掌握熟练技术，严格执行操作规范，才能避免产生药害，取得较好的作业效果。下面介绍植保无人机操作技术，仅供参考。

1. 药剂选用与配比　植保无人机采用高浓度、低容量喷雾作业防治，具有雾滴细小、用药少等特点，由于防治作业方式与其他机具不同，在选药、用药方面有其独特的要求。一是用药剂型宜选择水溶性药剂，可湿性粉剂、可溶性粉剂会发生喷头堵塞等，不利于喷施药液。二是用药稀释比例低，应选择中、低毒农药，不能用高毒、剧毒农药。三是适宜用内吸性药剂，通过茶树吸收并传导至整个植株，使病虫害吸食后中毒死亡，防治效果较好。

2. 严格规范配制作业，确保配药人员安全　配药人员要戴口罩、手套，穿长衣、长裤等防护设备，按照药剂二次稀释法操作要求，在室外通风良好的地方配药，禁止在密闭空间、下风向等容易造成人员中毒的位置配药，确保配药人员安全。

3. 作业环境调查分析　在开展无人机作业前要深入茶园实地进行调查，准确掌握施药茶园周边的种植、养殖情况，判定药剂飘移是否会对种植、养殖造成药害，根据实际情况采取对策，选择对周边种植、养殖影响较小的药剂并根据地形制定合理的作业方案，避免施药作业对种植、养殖区域造成污染。同时，对茶园内和附近周边的障碍物情况进行仔细观察，操作时要绕开障碍物飞行，避免无人机撞击损坏。

4. 作业气象条件

（1）风力、风向条件对植保无人机作业的影响　植保无人机在高空作业且雾滴细小，细雾药液容易发生飘移与蒸发，要选择合适的气象条件作业，尽量减少对周围环境污染，提高茶园病虫害防治效果。一是风力，选择3级以内风速施药作业。二是风向，作业人员位置要在上风向，禁止作业及其他人员处于下风向，否则容易造成人员中毒。三是防止作业时药剂飘移造成下风向区域动植物发生药害。

（2）温、湿度条件对植保无人机作业的影响　温度高低会影响防治效果，一般在15～30℃进行作业为好，禁止在0℃以下低温和35℃以上高温施药作业。

湿度条件，湿度低时施药作业会导致雾滴蒸发快，防治效果降低，在湿度较低的茶园作业，要避开中午高温时段施药，在低湿条件作业应适度提高药液用量、增加雾滴直径，提高防治效果。

5. 作业参数

（1）高度　高度一般控制在1.8～2m，风力达到3级时，高度适度降低。

（2）飞行速度　一般控制在3～4m/s，投产茶园茶树绿叶层厚，作业飞行速度比幼龄茶园慢些。

（3）喷幅　作业行距与有效喷幅等同，具体根据作业高度、飞行速度的实际情况进行适度调整，以不出现重喷与漏喷为宜。

6. 亩用量　亩用量是指每亩茶园所需的用药量，与水泵喷洒速度、行距、作业速度等参数有关，飞行速度与亩用量呈反比，水泵流量与亩用量呈正比。具体根据茶蓬的密集情况、绿叶层厚度、病虫害发生的部位、病虫害危害程度进行调整。

四、主要虫害化学防治措施

1. 食叶性害虫　食叶性害虫具有咀嚼式口器，通过取食茶树芽叶，影响茶树正常的生长和产量、品质。该类害虫属鳞翅目的毒蛾科、尺蛾科、卷叶蛾科、刺蛾科、蓑蛾科及鞘翅目的象甲科等，其中发生较普遍的有茶毛虫、茶尺蠖、茶卷叶蛾、茶刺蛾、茶蓑蛾、茶丽纹象甲等。

（1）茶毛虫　茶毛虫又名茶毒蛾、摆头虫、痒辣子，属鳞翅目毒蛾科。景宁县一般在 5～9 月发生危害。幼虫群集危害，常常数十至数百头聚集在叶背取食，初孵幼虫咬食叶片下表皮，呈现半透明膜，以后分群向中上部茶丛移动，咬食嫩梢芽叶成缺刻、光秆，有明显的危害中心。幼虫体上生有毒毛，触及人体皮肤痛痒难耐，对茶园采摘和茶园管理的影响较大。

形态特征：成熟幼虫体长约 20mm，黄褐色，胸部相对较小；卵近圆形，黄白色，堆积呈椭圆形的卵块，上被覆黄褐色的绒毛。

发生规律：一年发生 2～5 代，景宁茶区以卵块在茶树中下部叶背越冬为主，发生较整齐，无世代重叠现象，一般以春秋两季（4～5 月和 8～9 月）发生较重。幼虫老熟后在茶丛根围落叶土表下结茧化蛹，暴雨冲刷可使大批幼虫落地而死亡。栽培管理粗放、杂草丛生、间作高秆作物的茶园，发生较重。

（2）茶尺蠖　茶尺蠖又名量寸虫、拱拱虫、吊丝虫，属鳞翅目尺蛾科。景宁各茶区均有发生。以幼虫取食叶片，幼龄幼虫喜栖居于叶片边缘，咬食嫩叶边缘呈网状半透膜斑，老龄幼虫常将叶片咬食成大而光滑的 C 形缺刻。发生严重时大片茶园成为秃枝，状如火烧，影响茶叶的产量和树势。

茶尺蠖幼虫

形态特征：成熟幼虫体长 26～30mm，浅茶褐色或灰褐色，腹部背面有一明显的倒八字形斑纹；卵长约 0.8mm，椭圆形，鲜绿至灰褐色，堆积呈卵块，并覆有灰白色丝状物。

2. 吸汁液类害虫 景宁县常见的吸汁液类茶树害虫主要有小贯小绿叶蝉（茶小绿叶蝉）、螨类、黑刺粉虱等，这类害虫的危害特点是以吸食汁液危害茶树新梢和叶片，造成生长不良，危害严重的茶树，芽叶干枯，呈现红褐色，茶树停止生长。吸汁液类茶树害虫共性特征：若虫和成虫吸食茶树汁液；年繁殖代数多，虫口密度大，危害高峰期突出；虫体小，不易观察发现；初期症状不明显，危害扩散蔓延快，茶树生长受到严重影响，产量损失大。在生产上要加强这类害虫的防治。

（1）小贯小绿叶蝉（茶小绿叶蝉） 属于同翅目，是我国各茶区普遍发生的优势种群，景宁各茶区发生危害严重。主要刺吸茶树嫩梢芽叶汁液，受害芽叶叶缘泛黄，叶脉变红，进而叶缘叶尖萎缩枯焦，生长停滞，芽叶脱落，严重影响茶叶产量和品质。雌虫将卵产于嫩梢茎内，茶树生长受阻。景宁县低山茶园一年发生 10～11 代，高山茶园一年发生 9～10 代。每年 5～6 月形成第一个危害盛期，给春茶后期产量造成损失；9～10 月是第二个危害盛期，主要影响新梢生长，往往会造成顶芽停止生长，侧芽大量萌发，新梢数量多，生长细弱，造成翌年春茶营养分散，新芽个体吸收养分不足，嫩芽细小，采摘困难，鲜叶品质明显下降。

（2）螨类（以茶短须螨为例） 形态特征：雌成螨体长 0.27～0.31mm，长卵形，体扁平，红色至橙色，体背具不规则形黑色斑块，4 对足，近第二对足的基部生红色半球形眼点 2 个。雄成螨较小，末端尖楔形。卵长 0.08～0.11mm，椭圆形，表面光滑，鲜红色，近孵化时变浅。卵壳半透明，白色。若螨体背生黑色斑块，橙红色，4 对足，体末端 3 对毛为匙状。第一代若螨体长 0.17～0.22mm，第二代若螨与成螨近似，腹末钝。

3. 防治方法 病虫害防治原则以“预防为主、综合治理，推广绿色生态防控技术，把好茶叶安全质量源头关”。通过物理措施、农艺措施防控。如杀虫灯、诱虫板、分批多次采摘、茶园修剪、耕锄培土、清园疏枝、保护生物天敌等。深秋、冬季茶园停止生产，最好实行石硫合剂封园，有利于减少翌年病虫危害。

（1）*推广使用生物农药和植物源农药*　生物农药如病毒制剂、真菌制剂。植物源农药如鱼藤酮、苦参碱等。生物农药和植物源农药使用时期必须提早到卵孵化期至初龄幼虫期。使用病毒和真菌制剂要求在阴湿环境下喷施，避免日照引起失效。

（2）*矿物源农药*　由天然矿物原料的无机化合物或矿物油加工制成的杀虫、杀菌剂，喷施后在虫体上形成一层油膜，堵塞害虫气孔使之窒息致死，为绿色无公害农药。产品有绿颖99%乳油。在植物上可自然降解为二氧化碳和水，在环境中无积累、无残留，是有机茶园适用的农药。对螨类、蚧类、蚜虫、粉虱等有很强的渗透性和黏着力，也可防病。使用200～300倍液，配制时在喷雾器中先加入水，搅拌均匀后即可使用。最好每隔10～15min搅拌一下。在35℃以上高温最好不要使用，以防止产生药害。

（3）*石硫合剂*　防治蚧类、粉虱、螨类、茶叶病害，可选用自制药液0.5波美度，29%水剂60倍液或45%结晶150倍液。石硫合剂为强碱性农药，不能和一般农药混用。它的主要成分是多硫化钙，喷药后氧化成硫黄细粒并挥发出少量硫化氢，可以杀虫防病，气温愈高，硫黄挥发愈快，杀虫效果也愈好，但高温易产生药害。封园防治时期，以在10月中下旬气温20℃左右为宜，必须严格掌握使用浓度，自制药液不超过1波美度，以免引起茶树大量落叶。

五、主要病害化学防治措施

1. 茶饼病（适温高湿环境下的病害）　嫩叶发病初期病斑为淡黄色或红棕色的半透明小点，随着病害的发展病斑逐渐扩大并下陷，病斑呈淡黄褐色或紫红色，圆形，直径为2～10mm，叶背病斑呈饼状突起，并生有灰白色粉状病原物，后期病斑变为黑色溃疡状。叶柄及嫩梢被感染后，严重时，病部以上新梢枯死。

发病规律：菌丝体潜伏于病叶中越冬和越夏。翌春或秋季，平均气温在15～20℃、相对湿度85%以上时，菌丝开始生长发育产生担孢子，随风、雨传播进行初次侵染，在细胞间扩展直至病斑背

茶饼病

面形成子实层。担孢子成熟后又飞散传播进行再次侵染。一个成熟的病斑在24h内可产生近百万个担孢子，病菌寄生性强，当病组织死亡后，其中寄生的菌丝体也随之死亡。担孢子寿命短，2～3d后便丧失萌发力，在直射阳光下，30～60min即死亡。病害的潜育期长短与气温、湿度和日照的关系密切，一般日平均气温为19.7℃时，潜育期为3～4d；15.5～16.3℃时，需9～18d。

发病茶园及季节：一是适温高湿、日照少的山地茶园发病较多，二是地势低洼、潮湿、杂草丛生、偏施氮肥、遮阴过度的茶园发病较多，三是连绵阴雨的季节发病较多。景宁县正常年份为3～5月最易发病，9～10月次之。

2. 茶煤病 病原为浓色煤病菌，属子囊菌亚门真菌，菌丝体浅褐色，从菌丝体的隔膜处缢断后产生星状的分生孢子。主要危害叶片，发病初期，叶片表面呈近圆形或不规则形斑点，通过病菌繁殖，扩展到整张叶片，叶正面覆盖一层煤烟状菌丝体。茶煤病与黑刺粉虱、介壳虫、茶蚜等害虫有共生关系，茶树叶片受虫、病两者双重叠加危害，光合作用受阻，受害严重茶园一片乌黑，造成减产和品质下降。

侵染和传播途径：菌丝体或子实体在病枝叶中越冬，翌年春季在适宜温、湿度条件下形成孢子，借风力或昆虫传播，孢子遇到黑刺粉虱、介壳虫、茶蚜的排泄物后，从中吸收养分加快生长繁殖，并再次进行传播，病菌附生于茶树枝叶上危害叶片。荫蔽、低温潮湿的茶园容易发病。

3. 病害防治　原则是预防为主，早期防治。主要措施：一是加强培肥管理，勤除杂草，适当增施磷、钾肥，以增强茶树抗病力。二是及时采茶，摘除病叶，减少侵染来源，可减少发病。三是在发病初期用0.6%～0.7%石灰半量式波尔多液喷雾防治，严重茶园在冬季用0.3～0.5波美度石硫合剂全面封园防治。茶饼病发病早期用世高加咪鲜胺1 000～1 500倍液，每隔7～10d防治1次，连续施药2～3次，能有效防治茶饼病危害。

第七章

景宁白化茶品种采摘与加工工艺技术

第一节　标准化茶叶加工厂的规划与建设

茶叶加工厂布局要根据加工茶叶产量、企业发展目标、相关卫生规范及加工技术规程等进行科学合理规划，并综合考虑环境条件、生活用水、电力配置、消防设施、运输道路、乡村建设规划等因素，设计生活办公用房和加工车间。

茶叶加工厂

一、生活办公区规划与建设

生活办公区要相对独立，与加工厂相互衔接，但不能相互交叉混联在一起。主要包括食堂、办公室、职工宿舍、卫生间（厕所）等功能区，各功能区要整洁、有序排列，合理布置水、电、管道，雨、污管道分离，食堂、公共厕所要建立污水收集和处理设施，公共厕所应与加工厂区和生活区隔开距离，并设在下风向位置，保持整洁，污水处理要达到国家排放相关标准，防止其气味影响到加工区。

二、标准化初制厂的规划与建设

标准化初制厂主要指的是通过市场监督管理局 SC 认证的规模化初制厂，主要包括摊青室、初制车间、炉灶间、热风炉、配电房、检验室、成品茶贮存室及冷库、外包装车间、内包装车间等。

1. 摊青室　根据企业主体的加工产能来决定，景宁白化茶品种扁条形白叶茶加工要求摊青厚度在 1～1.5cm，采用地面摊青要求摊青室占地面积大，一般采用摊青架摊青，每个摊青架可放置 10～15 个竹匾；或采用萎凋槽摊青，摊青厚度 3～4cm，配置风机排湿。早春季节，夜间气温低，摊青叶失水慢，可适度加温排湿，温度在 20℃以下，加温排湿 60～80min，中间停机 30min，使梗叶水分重新分布均匀。景宁白化茶品种卷曲形白叶茶可采用萎凋槽摊青，摊青厚度 3～4cm，配置风机排湿。

2. 加工初制车间　根据日最高加工产能和机械配置决定初制车间面积，一般加工车间面积应相当于设备占地面积的 8～10 倍，高度在 5m 以上，以利于加工叶排水。炉灶间高度 2.5m 左右，宽度 8～15m，长度 30～50m，具体根据实际情况决定。

初制车间应采光良好、灯光明亮，达到 500lx 以上；地面要硬实、平整、卫生整洁，四周墙壁光亮无污垢；有足够的原料、辅料、成品和半成品仓库或场地，原材料、半成品和成品分开放置，不得混放。茶叶成品仓库应具有密闭、防潮功能，推广使用冷藏库贮存茶叶，保存温度－5～5℃。

加工初制车间设计人流、物流口，人流和物流进出口分开，在人流入口处设置男、女更衣间，并配置洗手和干手设施。

3. 卫生质量要求 加工初制车间应距离垃圾场、畜牧场、医院、粪池50m以上，距离经常喷洒农药的农田100m以上，距离交通主干道20m以上，远离排放三废的工业企业。要求水源清洁、充足，日照充分；设计遵照国家食品药品监督管理总局发布的《食品生产许可管理办法》《食品生产许可审查通则》等相关SC认证标准执行。建筑应符合工业或地方民用建筑要求；茶叶加工中冲洗加工设备和厂房用水的水质要求符合《生活饮用水卫生标准》（GB 5749—2006）的规定要求；加工厂配置相应的更衣、盥洗、照明、防蝇、防鼠、防蟑螂、污水排放、存放垃圾和废弃物的设施，加工设备和包装场地在茶季前后应全面清洗消毒。

4. 环境要求 加工车间所处位置空气清新，达到《环境空气质量标准》（GB 3095—2012）中规定的三级标准要求，四周环境应整洁、干净、无异味，道路应铺设硬质路面，排水系统通畅，厂区环境绿化优美。

5. 交通条件 加工车间宜建在茶园中心或附近安全地带，兼顾交通、生活、通讯的便利。

6. 安全条件 灰尘较大的车间宜安装换气扇或除尘设备，室内粉尘最高容许浓度不得超过10mg/m^3，加工厂内不应堆放生产资料和杂物，严禁存放易燃、易爆物品。

三、加工设备

1. 加工机械 摊青架、鲜叶脱水机、杀青机、烘干机、提香机、烘箱、拣梗机；理条杀青机、自动理条杀青机、微波杀青机、精揉机；萎凋机、发酵机；自动化加工流水线等。

2. 配套用具 竹簟、竹筐、竹匾、篾箩筐、竹筛、竹畚斗、刷具、秤具、推拉车等。

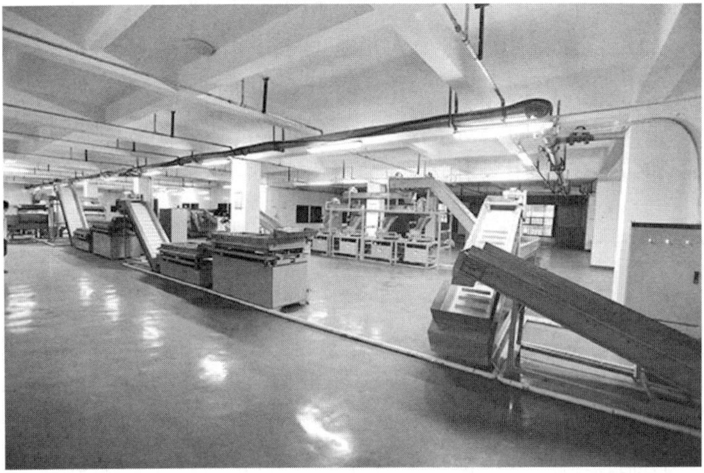

流水线机械，加工白叶茶

3. 机具材料要求　不宜使用铅及铅锑合金、铅青铜、锰黄铜、铅黄铜、铸铝及铝合金材料制造接触茶叶的加工零部件。

4. 机具安装要求　加工设备的炉灶间、热风炉应设在加工车间墙外；强烈震动的加工设备采取必要的防震措施；可分离安装的大型风机设在车间外，车间内噪音不得超过 80dB；使用竹子、藤条、无异味木材等天然材料和不锈钢、食品级塑料制成的器具和工具应清洗干净后使用。

5. 机械使用要求　新购设备要清除材料表面的防锈油；每个茶季的开始，对加工设备进行清洁、除锈和保养；定期润滑零部件，每次加油应适量，不得外溢。

四、加工人员

1. 技能要求　加工人员上岗前应进行加工工艺技术理论学习，掌握常用知识，经过加工生产操作技能培训，掌握加工技术和操作技术。

2. 卫生安全要求　加工人员上岗前和每年度均进行健康检查，取得健康证明后方能上岗。辉锅、拣剔、包装车间工作人员需戴口罩，穿上卫生的专用工作服，不能施用带有气味化妆品上岗。

3. 加工作业要求 加工人员应保持个人卫生，进入工作场所前应洗手、更衣、换鞋、戴帽。离开车间时应换下工作衣、帽和鞋，存放在更衣室内。加工、包装场所不能吸烟和随地吐痰，不得在加工和包装场所用餐和进食。

第二节 景宁白化茶品种鲜叶采摘与运输

一、采摘原则

景宁白化茶品种鲜叶采摘应保证鲜叶有一定的白化度和细嫩度，同时匀度、净度和鲜度良好。幼龄茶树推行“以养为主，以采为辅，控制顶端优势，促进侧芽生长”的原则；生产茶园推行“采强留弱，采高留低，采中留侧”的原则；壮年茶树实行“以采为主，以养为辅，及时分批采”的原则。

二、采摘技术

天气对景宁白化茶品种鲜叶自然品质影响较大，春季温度、光照等气象条件与景宁白化茶品种独特的品质特征相关，但不同品种之间表现有差异。当气温达到 30℃以上，且持续时间较长时，新萌发的芽叶由乳白色向绿色转变。春茶采摘季节遇到高温要及时强采，以保持较好的鲜叶品质。

1. 一足龄茶树 管理良好的春茶早期进行打顶采，春茶中期修剪后留养；一般茶园在春茶萌芽前修剪后留养不采。

2. 二足龄茶树 管理良好的春茶早、中期可进行采摘，春茶后期修剪后留养不采；一般茶园在春茶早期进行打顶采，中期修剪后留养不采。

3. 三足龄茶园 管理正常、茶树长势较好，春留一叶采摘，一般春季采摘期为 3 月下旬至 4 月下旬。

4. 投产茶园 春留一叶或鱼叶采，一般春季采摘期 3 月下旬至 5 月中旬。

5. 开采标准　采摘的鲜叶原料质量，是制好干茶的基础。春季茶芽萌发后，一芽一叶初展达到15%时，应及时开采。景宁白化茶品种鲜叶采摘标准与其他常规品种不同，要兼顾鲜叶嫩度、白化性状和内在品质。景宁县农业科技人员对不同嫩度鲜叶采摘加工样品进行的检测结果表明，春季萌发芽叶长到一芽二叶初展时，芽叶乳白色明显，此时采摘一芽一叶初展，鲜叶白化性状良好，氨基酸含量高，加工的产品品质优异，同时嫩度好，观赏价值高。

6. 鲜叶等级　根据白化性状、嫩度、匀净度等分为特级、一级、二级、三级4个等级（表5）。

表5　景宁白化茶品种鲜叶等级指标

级别	质量要求
特级	芽叶白化明显，一芽一叶初展为主，芽长于叶，芽头均整，新鲜，不带鱼叶、鳞片、茶蒂、单片等
一级	芽叶呈现明显乳白色，一芽一叶初展为主，芽叶等长，少量一芽二叶，芽叶完整、匀净肥壮、新鲜，不带鳞片、茶蒂、单片等
二级	大部分芽叶呈现明显乳白色，少量嫩黄色，一芽二叶初展为主，少量一芽一叶，芽叶完整、匀净、新鲜，稍带少量单叶
三级	芽叶以乳白色为主，少量黄绿色，占比10%左右，一芽二、三叶初展为主，芽叶完整、匀净、新鲜，有单叶

7. 采摘方法　采摘时应掌握好嫩度，实行分批多次采；净度好，不带茶蒂、茶果、老叶及其他杂物；采摘方法，采用提手采，不得用掐、捋、抓等不正确手法，将采下的鲜叶及时存放到随身携带的茶篓里，不能大把抓在手中，否则容易受损红变。

三、鲜叶收集与运输

1. 鲜叶盛装工具　选用竹篓等通风透气、清洁卫生的器具装盛鲜叶，不得用塑料袋等密封的工具装茶。做到不紧压、不损伤鲜叶，保持鲜叶新鲜度。

2. 鲜叶的收集 鲜叶半天收集一次，天气较热时，防止红变，收集后及时摊放散热。

3. 鲜叶运输 鲜叶必须用清洁卫生、透气良好的篮、篓盛装，不得紧压，运输时避免日晒雨淋，并不得与有异味、有毒的物品混装。景白2号品种鲜叶采摘后4h内要送到加工厂，途中运输时间尽可能不要超过2h；景白1号和景白3号品种鲜叶采摘后要尽量缩短存放时间，途中运输时间以1h内为宜。气温高时，不宜长途运输，以就近加工为好。鲜叶盛装、运输、摊放整个过程中，应轻放、轻翻，禁止紧压，减少机械损伤，保持鲜叶新鲜度。

第三节 条形景宁白叶茶加工工艺技术

景宁白叶茶品质特点：干茶呈金黄色，色泽明艳，富有光泽，实为茶中之珍稀颜色；香高持久，冲泡两杯香气尚存，干茶闻之香气浓郁芬芳，蛋黄香明显；叶质玉白，观赏性强，用透明的玻璃杯冲泡，放入景宁白叶茶，冲泡后芽叶洁白似玉，朵朵白茶直立杯中，慢慢下沉，立于杯中，极具观赏价值。上述品质特征的主要成因：一是景白品种鲜叶的内含物丰富，水浸出物含量较高，在44.2%～48.6%，景宁白叶茶品质基础优；

景宁白叶茶

二是不同品种加工的景宁白叶茶均呈现低酚高氨的共同特性，茶多酚含量为11.6%～19%，氨基酸含量为6.6%～9.2%，酚氨比为1.35～2.75；三是儿茶素总含量均较高（10.4%～17.2%），均达到各品种茶多酚总量的85%以上，茶汤中效果最好的抗氧化儿茶素EGCG含量较高，占总儿茶素含量比例均在38%～58%，景宁白叶茶酚类结构优于其他白化茶产品，保健功效明显。

精揉机

一、常用加工机械设备

1. 摊青机械　鲜叶萎凋槽、鲜叶摊青架、脱水机等。

2. 杀青机械　6CDY/10型煤气式茶叶多用机，以及电热式理条机，自动、半自动理条机，微波杀青机等。

3. 干燥机械　6CHP-5型茶叶烘焙机及斗式烘干机、精揉机等。

二、加工技术要点

1. 工艺流程 摊青→堆置→杀青→冷却回潮→初坯制作→摊晾回潮→烘干提香→摊晾→筛选装袋。

2. 摊青 用鲜叶萎凋槽等进行摊青，鲜叶摊放厚度1～1.5cm，温度20～25℃，采用自然和加温萎凋相结合的方式，温度低时进行加温，保持萎凋槽空气温度不低于20℃。每隔1.5h上下翻动一次。时间：150～180min；摊青叶失水率15%～28%。

摊 青

摊青适度：因不同品种鲜叶水分含量不同，摊青叶的失水率有差异，其适度标准各不相同。景白1号和景白3号品种芽叶肥壮，摊青叶的失水率适当提高；景白2号品种百芽重适中，控制在中度失水率即可。一般感观上以鲜叶表面光泽下降，叶质变软，青草气减退，开始显露清香为适度。

3. 堆置 将摊青叶收拢到竹匾上堆置30min，使茎、叶中的水分重新分布均匀，有利于杀青时杀匀、杀透。

4. 杀青 杀青机械种类较多，微波杀青机杀青均匀，芽叶完整度好，但投资大，技术要求高，景宁县只有少数规模企业使用。

理条杀青机械机型简单，投资少，容易操作，适合多数主体生产使用，下面对理条杀青技术进行重点介绍。

煤气式多功能理条机杀青（热能：煤气）：理条机槽体温度达到 330℃左右；不同厂商生产的机械仪表温度有差异，根据生产经验，以手掌在距理条槽面 8～10cm 高度有灼热感时开始投叶杀青。理条机一般每次的投叶量为 1kg。投叶 5～7min，折梗不断后，逐渐降低杀青温度，出叶前温度应降到 300℃左右，整个过程时间为 10min。在杀青时要调节理条机的摆动速度，按慢—快—慢的要求进行，刚投叶时，槽体摆动速度不宜过快，过快杀青叶与槽体接触时间短，叶温在较短时间内难以升高至杀青所需的温度，容易造成杀青叶红变，影响品质。杀青后期速度应适度加快，避免杀青叶翻动慢，产生焦边。

杀青具体温度还要根据鲜叶含水量、不同品种芽叶百芽重等灵活掌握，鲜叶含水量、芽叶百芽重高的温度应适当提高。

杀青适度标准：叶色由乳白色或黄绿色转为淡白色或暗黄色，叶质柔软，折梗不断，鲜香显露，茶条挺直，摊晾后微有触手感。

5. 冷却回潮　理条杀青完成后，温度较高，用风扇立即吹凉散热冷却，薄摊于竹簟中，要摊匀、摊薄，厚度一般为 0.5～0.8cm。摊晾 30min 左右，当叶温等同于室温后收拢堆放回潮，使杀青叶水分重新分布均匀。

回潮适度标准：芽叶水分分布均匀一致，手捏杀青叶柔软度基本一致。

6. 初坯制作　目的是进一步理直茶条，适度加压，形成景宁白叶茶外形扁直的品质特点。

技术指标：①温度：多用机温度达 200℃（红外测温仪测定 123℃，具体根据不同的机型灵活掌握），并保持稳定，开始投叶。②投叶量：以 2～3 次杀青叶合并一次为宜，每槽投叶均匀。③时间：10min。

技术要求：初坯制作时多用机摆动速度比杀青慢，当杀青叶受热均匀后，可以进行加棒压扁，此时机体摆动速度适度放慢，时间不能太长，约为 1 min。取棒后加快机体摆速，利于水汽散发。整个初坯制作过程一般为 10min 左右。

适度标准：茶坯摊晾后，手捏有明显触手感，茶坯含水量 10%～15%。

7. 摊晾回潮 初坯制作完成后薄摊于竹簟中吹冷风进行散热冷却，摊晾后用薄膜袋装好密封，防止回潮，放置 1～2d 后进行烘干提香。

8. 烘干提香 用 6CHP-5 型茶叶烘焙机进行烘干提香，中前期统一用适温干燥，多用机仪表温度 75℃，时间为 10min；后期提香温度 90～100℃，时间 7～8min。投叶量相同，为每斗 150kg，五斗合计 750 kg。

（1）提香技术要点

适温烘干阶段：当初坯叶受热均匀后，前期每隔 2 min 将茶叶在烘斗中上下翻动一次，当芽叶挺直，手捏有明显触手感时，此时茶条已定型，叶温上升，每隔 1 min 上下翻动一次。

提香：茶坯进入提香阶段后，要根据不同的温度采取相应的技术措施。高温提香时，因烘斗温度高，上下翻动茶叶要快，快结束前要求做到茶不离手；烘干时间控制在 6 min，时间过长，干茶色泽的鲜活度会下降，影响品质。低温提香，由于温度较低，提香茶叶上下翻动频率可以比高温提香慢些，但时间增加 4min 左右。适温提香技术要求在高温和低温两者之间。

（2）提香适度标准　当提香叶闻到明显的蛋黄香，手捏有明显的扎手感，折梗易断，茶条含水量在 4%左右，达到适度，下机摊晾。

9. 摊晾 烘干提香工序完成后，摊晾 30～50min，提香叶完全冷却后装入薄膜袋密封保存。

10. 筛选装袋

筛选：条形景宁白叶茶加工完成后选择天晴时进行筛选，捡去茶梗、茶蒂、花果、黄片等杂物，符合景宁白叶茶成品净度等级要求。

装袋：筛选完成后及时装入密封的薄膜袋保存，防止受潮降低品质。

第四节　卷曲形景宁白叶茶加工工艺技术

一、手工加工工艺技术

景宁白化茶品种鲜叶按照惠明茶传统的手工加工工艺技术加工，其产品具有条索紧细、香高持久、滋味鲜爽等品质特点。主要工艺技术：采摘→摊青→杀青→揉捻→炒二青→烘干→提香→摊晾→装袋。

1. 采摘　鲜叶采摘标准可根据需要采一芽一叶或一芽二叶初展；采摘手法为提手采，即用食指和拇指轻轻捏住茶芽，提手采下，将采下的茶芽存放到随身携带的竹篓里。

2. 摊青　摊青要求与条形景宁白叶茶相近。

杀　青

3. 杀青　杀青是卷曲形景宁白叶茶手工制作的关键工序，利用高温钝化鲜叶中酶的活性，使产品具有绿叶清汤的品质特征。设备主要有电炒锅及惠明茶专用炒制锅灶。锅温控制在180～220℃，景白 1 号和景白 3 号比景白 2 号温度要略高些。投叶量每锅 300～500g，用时 5～8 min。杀青时温度先高后低，投叶时温度要高，使叶温在短时间内达到 80°以上，杀青叶杀透后，温度适当降低。手法以翻、抖、抛、闷等为主，抖、抛主要利于杀青叶散发水分，闷主要是提高叶温，能更好地钝化鲜叶中酶的活性。在整个杀青过程中抛、闷结合，使杀青叶杀匀、杀透，同时散发水分，提高杀青叶品质。适度杀青叶标准为：青草气消失、显露清香，折梗不断，手捏茶叶会成团，松开后能自然展开为宜。杀青原则："高温杀青，先高后低，抛闷结合，多抛少闷"。

4. 揉捻　揉捻是做形的第一步，将摊晾后的杀青叶置于竹帘（或竹匾）上，双手合抱适量的茶叶于手掌内，往同一方向进行旋转揉捻，手势先轻后重，揉捻中若出现茶叶成团状，要把茶团解块散开。这样的动作一般重复 2～3 次，时间为 2～3min，揉至成条率达 80%以上即可。

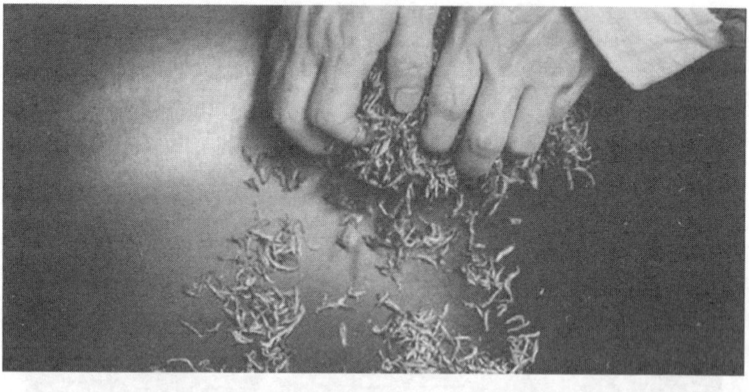

揉　捻

5. 炒二青　将揉捻叶投入 120～150℃的锅中翻炒。前期：手势要以抖、抛为主，及时散发水汽。中期：二青叶水分适度散发后，将全部二青叶合抱在双手掌心，在锅中进行旋转揉捻，手势先轻后重，略有成团后，停止揉捻，及时抖散茶团，散发水分，如此反复进行 2～4 次，揉紧茶条。后期：手势以抖、翻结合，动作宜轻，以保护茶条苗锋茸毫，炒至8成干即可下锅。

6. 烘干　将走水均匀的炒二青叶均匀地薄摊在烘笼或烘焙机上，以炭火或电热器为热源，温度控制在80～90℃，每隔2～3min轻翻一次，烘至9成干烘干完成。

烘　干

7. 提香　将烘干后的茶叶集中在一起，放置一定时间（300～720min），再在烘笼或烘焙机上进行足火提香。前期提香温度控制在60～70℃，烘至干度达到要求后，将温度提升到100℃左右，时间3 min左右，提高成品香气。提香适度标准：手捏茶叶即成粉末，含水量在4%～5%。

8. 摊晾装袋　完成提香工序的成品及时下机摊晾，筛去粉末后装袋密封贮存。

二、机械加工工艺技术

景宁县白化茶产业规模大，为了使加工产能与种植规模相匹配，科技人员针对景宁白化茶品种特性，对景宁白叶茶加工工艺技术进行创新，实现了景宁白化茶品种炒制加工向机械化、智能化发展，产品实现了规模化、标准化加工，产品品质更加稳定。机制卷曲形景宁白叶茶工艺：采摘→摊青→杀青→摊晾回潮→揉捻→初烘→复揉→复烘→提香。

1. 采摘 与手工炒制相同。

2. 摊青 鲜叶进厂后，放置在专用的鲜叶摊青机上（或专用竹匾上），根据天气、鲜叶含水量决定摊青的时间长短，在低温天气和鲜叶含水量高时，可开启加温吹风设施，加快摊青叶失水，使鲜叶失水均匀。摊青叶适度标准：叶色失去光泽、叶质变软，散发芳香，可进行杀青。

3. 杀青 根据加工产能，选用30、50、60、80等型号连续滚筒杀青机进行杀青，热源有电热、柴热及生物颗粒燃料等。杀青机温度达200～300℃（具体根据不同的机型灵活掌握，操作时可将一只手伸进滚筒杀青机入茶口中，手掌应有强灼热感）开始投叶，投叶量根据滚筒杀青机型号而定，做到投叶适量、均匀。适度杀青叶标准为：青草气散失、显露清香，折梗不断，手捏茶叶不会成团，松开后能自然展开。杀青原则要掌握“高温杀青，先高后低”的原则，机械杀青叶含水量比手工杀青的要略低。

4. 摊晾回潮 杀青叶出筒后，立即摊晾散热，薄摊于竹簟或竹匾上，摊晾后集中堆放回潮，气温低时宜用食品级薄膜袋装袋密封回潮，使梗叶水分重新分布均匀。手捏回潮叶会成团，叶边变软，梗叶水分重新分布均匀一致时，进入下道揉捻工序。

5. 揉捻 揉捻是塑造卷曲形景宁白叶茶外形的一道关键工序。利用揉捻机外力作用，使杀青叶卷曲成条，体积缩小，同时挤出少量茶汁附于叶表面，冲泡时内含物质更好地溶于茶汤中，使茶汤滋味醇厚。揉捻机型号根据鲜叶数量，可选用25、35、45型；揉捻装叶方法：以杀青叶自然装满为适度。揉捻时间根据鲜叶老嫩度决定，细嫩芽叶时间宜短，粗老的杀青叶揉捻适度延长，一般掌握在20～35min。中间进行适当加压和解压，加压掌握“轻、重、轻”交替的原则，加压时间视茶叶老嫩程度灵活掌握，成条率达到85％～90％以上时下机出叶。

6. 初烘 根据干燥速度来决定揉捻叶数量，揉捻叶数量不宜存放过多、摊放过久，否则会降低品质，揉捻叶出叶后进行解块薄摊，厚度不超过 3cm，防止闷黄。

初烘技术：烘干机清理干净，开机加温，当机体温度升到90～110℃（具体根据不同机械灵活掌握），开始上叶初烘，初烘以高温快速、薄摊勤翻为原则，待初烘叶水分散发一部分，手轻捏不易成团时下机摊晾回潮。

复 烘

7. 复揉 为了使中低档白叶茶条索更紧结，可进行复揉。当初烘叶完全回潮后进行复揉，复揉加压掌握“轻、重、轻”交替的原则，整个复揉过程一般为 15～25min，成条率达到 80%～95%以上时下机出叶。

8. 复烘 将复揉叶进行解块后，当烘干机温度达到 80～100℃时进行复烘，摊叶厚度在 3cm 以内，温度前高后低。技术要点：前期由于茶叶水分含量高，手势以上下翻动茶叶为主，到中后期茶叶水分较低，开始双手掌心相对揉紧茶条，用力程度掌握轻→重→轻的原则，一般反复进行 4～6 次。直到复烘茶叶条索细紧，茶芽银毫显露，含水量在 8%左右，复烘完成，下机摊晾。

9. 提香 复烘后的茶叶放置 4～5h，使梗叶水分重新分布均匀，并将复烘叶进行风选，去除茶末、黄片，再上机提香。采用斗式烘干机提香，一般温度控制在 70～80℃（根据不同机型灵活掌握）。烘至手捏茶叶成粉末为宜，含水量约5%时，为了提高景宁白叶茶的香气，将温度提高至90～110℃（根据不同机型灵活掌握），当提香茶叶受热均匀后，用90～110℃的高温提香3～4 min，然后下机摊晾散热。摊晾后剔去非茶类物、黄片、茶末，分档装袋，做好标识，挤出袋内空气，紧扎袋口，入库贮藏保管。

第五节　景宁白化茶品种红茶加工工艺技术

随着人们生活水平不断提高，消费者品饮茶叶向多茶类、多品类方向转变，浙江作为绿茶大省，饮用红茶的消费群体也在逐年增加，年销量呈现快速增长的趋势，加工的品种从过去主要以适制红茶产品的特定品种向兼制绿茶、红茶的品种转变。白化茶类新品种通过加工工艺技术的改进与创新，加工的红茶产品特征明显，受到消费者的青睐。

为了更好地利用景宁白化茶品种特异的鲜叶原料生产出独具特色的红茶类新产品，实现绿茶、红茶组合加工生产，延长景宁白化茶品种产业链，增加产品附加值，提高生产效益，景宁县科技人员

用景宁白化茶品种加工的红茶

开展了景宁白化茶系列品种卷曲形红茶加工技术研制工作，采用轻发酵、中温干燥提香等工艺技术，加工生产花香型红茶并取得成效。研制的红茶产品具有茶黄素含量高、汤色橙红明亮、滋味甜醇鲜爽等特点；生产的清香型红茶，产品的特异性明显，市场前景广泛。

景宁白化茶品种红茶加工工艺流程：萎凋→揉捻→发酵→初烘→复烘→摊晾→回潮→后熟→复火提香→摊晾装袋。

一、萎凋

1. 作用　萎凋的作用是蒸发鲜叶部分水分，使梗叶失水变软，增加芽的柔软性，利于揉捻成条；通过萎凋工序，人为控制水分散发，促使芽叶内含物质的一系列化学变化，为形成红茶色香味奠定物质基础。

卷曲形红茶主要采用萎凋房或萎凋槽进行萎凋，萎凋房萎凋鲜叶摊放厚度 1.5～2cm，温度 25℃，每隔 3h 排湿一次。萎凋时间：景白 2 号品种 810min；景白 1 号品种因芽头肥大，含水量高，萎凋时间 890min。

2. 适度标准　萎凋的标准是叶质柔软，折梗不断；手捏会成团，松手易散开；叶面失去光泽，叶色转为暗绿，含水量为55%～60%；青草气部分消失，透出萎凋叶特有的清香。萎凋完成后将萎凋叶收到竹匾上堆积回潮，使茎、叶中的水分重新分布均匀，减少揉捻过程中产生碎末。

二、揉捻

1. 作用　揉捻的作用是揉紧茶条，形成卷曲形红茶外形紧细的品质特点；通过揉捻破坏芽叶细胞结构，促使茶多酚与多酚氧化酶结合，加快萎凋叶发酵，加速一系列生化反应，是形成红叶、红汤的品质特征的主要工序。

2. 工艺技术　主要选用 35 或 45 型揉捻机分别对景白 1 号、景白 2 号品种萎凋叶进行揉捻，投叶量以桶体自然装满为适度。揉捻时间为50～70min。压力控制原则：先轻后重，逐渐加压，加压与松压结合。

3. 适度标准 景白1号、景白2号品种揉捻叶明显红变，揉捻叶成条率均达90%以上。景宁白化茶品种萎凋叶角质层较薄，生产上揉捻时间比鸠坑群体种适当缩短，一般为50～70min，具体根据鲜叶老嫩度掌握。

三、发酵

1. 作用 发酵的作用是通过调节发酵温、湿度，提高多酚氧化酶的活性，加快内含物质的转化，形成卷曲形红茶独特品质。景宁白化茶品种由于氨基酸含量高、茶多酚含量低，发酵掌握比鸠坑群体种适度偏轻的原则，以利于提高滋味的浓度，增加茶黄素的比重，形成汤色橙红明亮的品质特征。

2. 工艺技术 发酵采用中国红五环6CFJ-8红茶发酵机进行自动发酵，摊叶厚度4 cm左右，温度：先设置30℃，发酵叶受热均匀后降至25℃。时间：景白1号、景白2号品种的揉捻叶发酵100 min左右。此时景白1号、景白2号品种的发酵叶叶色变淡红色，白化色泽消退，青草气消失，显露清香和花果香，发酵完成。

四、初烘、复烘

1. 初烘 利用高温快速钝化酶的活性，停止继续酶促氧化，将揉捻、发酵工艺形成的品质稳固下来；蒸发水分，固定外形。

2. 初烘工艺技术 主要选用JY-6CHZ-7B烘焙机进行初烘，摊叶厚度1 cm，时间20min，温度：先将烘焙机内温度升至120℃，然后快速放入已摊放好发酵叶的竹匾，继续保持120℃的机内温度，烘焙机门打开15cm的缝隙，保持空气流通，利于烘焙茶叶进行后续有氧发酵。

3. 复烘工艺技术 完成初烘后取出摊放有烘焙叶的竹匾，上下翻动烘焙叶，重新摊放均匀后放入烘焙机进行复烘干燥，时间15 min，温度为110℃。

4. 复烘叶的适度标准 要求手捏有明显的触手感，外形紧结，色泽乌润，清香明显，含水量一般为8%～9%。

五、摊晾、回潮、后熟

1. 摊晾 完成复烘工序后的半成品干茶叶温度高要及时下机，薄摊于竹匾上散热，摊晾时间一般为30 min左右，冷却后装入薄膜袋密封保存。

2. 回潮、后熟 将摊晾装袋后的半成品茶放置15d，在放置过程中使梗叶水分重新分布均匀，同时，利用后发酵作用促进内含物质的进一步转化，有利于提高成品红茶的香气和滋味。

六、复火提香

1. 作用 通过复火提香可进一步降低含水量，消除复烘叶中残留的青草气，增进香气，提高品质；同时，提高汤色的明亮度、叶底色泽的匀度等。

2. 工艺技术 复火提香的温度和时间是影响红茶品质的又一重要环节，采用JY-6CHZ-7B型烘焙机进行，分3次进行，第一次75℃，时间为20 min；第二次90～100 ℃，时间为20 min；第三次110～115 ℃，时间为15 min。每次复火提香完成后要下机对提香茶叶进行上下翻动，使提香茶叶干度均匀一致。

3. 适度标准 复火提香工艺完成后的卷曲形红茶条索紧细，干茶外形色泽橙红，甜香显露，手捻茶条成粉末，含水量5%～6%。

七、摊晾装袋保存

完成复火提香的干燥叶下机后摊放40 min，冷却后装入食品级薄膜袋或铝箔袋，密封袋口，在干燥、避光、低温条件下保存，一般保质期2年。

第六节 景宁“600”扁形白叶茶加工工艺技术

景宁“600”是指景宁县海拔600m以上生产区域，景宁“600”农产品是指景宁县海拔600m以上区域种植生产的生态精品农产品。茶叶是景宁县农业主导产业，景宁“600”生态精品农产品以茶叶为主。畲乡景宁海拔600m区域生态条件优异，种植的景宁白化茶品种自然品质特异性明显，产业发展前景良好。景宁“600”扁形白叶茶是指景宁县域内海拔600～900m茶区采摘的景宁白化茶品种鲜叶原料，通过固定加工工艺生产的扁形茶叶产品。

景宁县地处浙南山区，生态环境优异，森林覆盖率达81.09%。海拔600m以上茶区小气候条件独特，夏季多雷雨天气，雨水对气温的调节作用明显，雨后茶山云雾缭绕，阳光穿过云层，折射成漫射光，形成了有利于提高茶叶自然品质的特异条件。同时，海拔在600m以上茶区大部分以香灰土壤为主，土质疏松，透气性良好，有机质丰富，为景宁白化茶品种生长提供了得天独厚的土壤环境。目前，景宁海拔600m以上白化茶园面积达10 800亩，占全县白化茶园总面积的60.4%，主要分布于东坑镇、澄照乡、鹤溪街道、郑坑乡、大均乡、梧桐乡、标溪乡、鸬鹚乡、雁溪乡等十多个乡镇。

景宁“600”独特的气候、土壤条件，十分有利于白化茶树生长，成叶叶色墨绿，叶质肥厚，能够通过光合作用积累丰富的有机物质，生长的白化茶自然品质优异。春季茶期间，茶园多云雾天气，形成漫射光，有利于提高鲜叶品质；昼夜温差大，新萌发茶芽生长缓慢，积累内含物质丰富而独特，景宁“600”茶区的白化茶品种鲜叶氨基酸含量高，经农业农村部茶叶质量监督检验测试中心检测，氨基酸含量为8.0%左右，茶多酚14.5%，酚氨比为1.81，更趋合理。白化性状独特而优异，春季新萌发细嫩新梢一芽一叶白化性状表现明显，一芽二叶初展，叶、茎、脉表现为玉白色。由于景宁“600”茶区种植的白化茶品种特异性明显，生产经济效益明显优于其他品种，近年来种植规模大幅度增长，已成为畲乡茶农增收致富新亮点。

为了更好地利用景宁“600”白化茶自然品质的特异性，加工品质优异的产品，增加产品附加值，提高生产效益，景宁县科技人员针对景宁“600”茶区种植的景宁白化茶品种叶肉肥厚、茶芽肥壮、适合加工扁形白叶茶等特点，开展扁形白叶茶关键工艺研究，确定关键工艺主要技术参数，为生产提供科技支撑。

一、鲜叶原料

景宁县海拔600m以上景宁白化茶品种茶园，春季晴天采摘白化鲜叶，以一芽二叶为主，少量一芽一叶和三叶。

二、主要工艺和技术参数

针对景宁“600”白化茶品种采摘季节的气温、鲜叶含水量及品质特点，开展摊青、理条杀青、压扁做形、烘干提香等关键工艺技术研究，加工成品经中华全国供销合作总社杭州茶叶研究院国家茶叶质量监督检验中心进行感观评审鉴定，分析摊青叶失水率、温度、时间等参数对品质的影响，根据品质鉴定结果确定景宁“600”扁形白叶茶加工工艺技术。

1. 摊青　鲜叶采用摊青架或摊青槽进行摊青，摊青厚度1cm，室内温度一般为10～15℃，采用自然摊青方式控制失水率。雨水叶在摊青槽进行摊青，前期鼓冷风30～50min，鲜叶表面水分散发后停止鼓风，采用室温继续散发水分，每隔40min上下翻动一次。摊青时间：90～200min；摊青叶失水率：轻度6%、中度17%、重度28%。

通过研究与生产应用，确定摊青叶适度标准：景宁“600”茶区因春季萌发时昼夜温差大，芽叶生长比低海拔茶区慢，茶芽肥壮，鲜叶含水量较高，摊青叶以中度失水率为宜，具体根据鲜叶含水量、天气等灵活掌握。摊青叶失水率低加工的干茶色泽较暗；摊青时间过长，摊青叶失水率高，含水量低，内含物质下降，所制干茶感观审评品质下降。一般感观上以叶片变软、青草气明显减退、清香显现为摊青适度。

2. 理条杀青　轻度、中度、重度摊青失水叶分别采用低温、中温、高温进行理条杀青，分析不同温度杀青对不同失水摊青叶品质影响，研究确定工艺技术参数。

（1）*轻度摊青叶理条杀青工艺技术参数*　低温理条杀青多用机仪表温度 270℃（红外测温仪测定 200℃），时间 10min；中温理条杀青多用机仪表温度 300℃（红外测温仪测定 233℃），时间 9min；高温理条杀青多用机仪表温度 330℃（红外测温仪测定 256℃），时间 8min（表 6）。

（2）*中度摊青叶理条杀青技术参数*　理条杀青温度与轻度摊青叶理条杀青工艺相同，低温、中温、高温的杀青时间分别为 9min、8min、7min（表 7）。

（3）*重度摊青叶理条杀青技术参数*　理条杀青温度与轻度摊青叶理条杀青工艺相同，低温、中温、高温的杀青时间分别为 8min、7min、6.5min（表 8）。

采用上述工艺技术参数加工的不同产品，感观评审结果见表 9。

（4）*理条杀青工艺技术*　通过研究应用，确定扁形白叶茶杀青工艺技术参数：景宁“600”白化茶品种鲜叶用 6CDY/10 型茶叶多用机进行理条杀青，适宜采用中温杀青，多用机仪表温度 300℃（红外测温仪测定 233℃），时间 9min。高温杀青，由于失水过快，不利于内含物质后期转化；低温杀青不利于茶多酚、碱类等物质的挥发，会造成茶汤略有苦涩味。

3. 压扁做形　在理条机上进行，当杀青叶已杀透，折梗不断，将理条机温度降低到 220～240℃，并调低理条机的摆动速度，然后放上加压棒，开始加压，时间为 0.5min 左右，取出加压棒，调高理条机的摆动速度，时间为 1min，按此工艺重复进行 2 次，然后调高理条机的摆动速度，理条至杀青叶达到适度要求，将杀青叶下机摊晾。

4. 烘干提香　用6CHP-5型茶叶烘焙机进行不同温度提香。中度失水摊青叶用中温理条杀青加工，完成初坯制作后的茶坯进行不同温度提香试验，采用低温、适温、高温提香3种方式加工，3种加工方法前期统一用适温干燥，多用机仪表温度75℃（红外测温仪测定60℃），时间10min，后期分别用不同的温度进行提香；投叶量相同，为每斗150kg，五斗合计750kg。加工成品送专业机构进行感观品质鉴定，比较其品质特点。

烘干提香

高温提香：多用机仪表温度100℃（红外测温仪测定75℃），时间6min。

适温提香：多用机仪表温度90℃（红外测温仪测定70℃），时间7.5min。

低温提香：多用机仪表温度80℃（红外测温仪测定65℃），时间10min。

采用上述工艺技术参数加工的产品，经中华全国供销合作总社杭州茶叶研究院国家茶叶质量监督检验中心对试制的茶样进行审评。鉴定结果表明：在合理的烘干提香温度范围内（多用机仪表温

表 6　轻度摊青叶不同温度理条杀青试验

失水率（%）	投叶量（kg）	低温杀青		中温杀青		高温杀青	
		时间	温度	时间	温度	时间	温度
6	0.94	10min	多用机仪表温度 270℃（红外测温仪测定 200℃）	9min	多用机仪表温度 300℃（红外测温仪测定 233℃）	8min	多用机仪表温度 330℃（红外测温仪测定 256℃）

表 7　中度摊青叶不同温度理条杀青试验

失水率（%）	投叶量（kg）	低温杀青		中温杀青		高温杀青	
		时间	温度	时间	温度	时间	温度
17	0.83	9min	多用机仪表温度 270℃（红外测温仪测定 200℃）	8min	多用机仪表温度 300℃（红外测温仪测定 233℃）	7min	多用机仪表温度 330℃（红外测温仪测定 256℃）

表 8　重度摊青叶不同温度理条杀青试验

失水率（%）	投叶量（kg）	低温杀青		中温杀青		高温杀青	
		时间	温度	时间	温度	时间	温度
28	0.72	8min	多用机仪表温度 270℃（红外测温仪测定 200℃）	7min	多用机仪表温度 300℃（红外测温仪测定 233℃）	6.5min	多用机仪表温度 330℃（红外测温仪测定 256℃）

表 9　不同失水率不同杀青温度试验样品感观评审结果

试验内容	样品编号	外形得分（25%）	汤色得分（10%）	香气得分（25%）	滋味得分（30%）	叶底（10%）	总分
失水率 6%（杀青温度 高温）	2018W-1466	85	93	88	89	90	88.25
失水率 6%（杀青温度 中温）	2018W-1465	88	93	92	93	90	91.2
失水率 6%（杀青温度 低温）	2018W-1467	88	94	92	92	90	91
失水率 17%（杀青温度 高温）	2018W-1470	88	93	91	88	89	89.35
失水率 17%（杀青温度 中温）	2018W-1469	87	93	91	92	90	90.4
失水率 17%（杀青温度 低温）	2018W-1468	87	93	92	88	90	89.45
失水率 28%（杀青温度 高温）	2018W-1473	88	95	90	86	89	88.7
失水率 28%（杀青温度 中温）	2018W-1472	88	92	90	91	89	89.9
失水率 28%（杀青温度 低温）	2018W-1471	88	93	92	86	89	89

表 10　不同提香温度试验样品感观评审结果

试验内容	样品编号	外形得分（25%）	汤色得分（10%）	香气得分（25%）	滋味得分（30%）	叶底（10%）	总分
试验 1：高温提香	2018W-1459	90	94	91	92	90	91.25
试验 2：适温提香	2018W-1460	88.5	94	92	93	90	91.8
试验 3：低温提香	2018W-1461	88	96	90	92	90	90.7

度 80～100℃)，不同提香温度对产品品质有一定的影响，以适温提香（多用机仪表温度 90℃）加工的景宁“600”扁形白叶茶，汤色嫩绿明亮、香气具有清嫩香、滋味清醇鲜爽，感观审评综合得分最高（表 10）。

研究确定提香工艺技术：景宁“600”白化茶品种鲜叶原料加工扁形白叶茶适宜采用适温提香，多用机仪表温度 90℃（红外测温仪测定 70℃），时间 7.5min。加工的扁形白叶茶，香气具有清嫩香，滋味清醇鲜爽，能更好地体现景宁白化茶品种自然品质优势。

其他工艺对产品品质影响较小，加工方法参照条形景宁白叶茶工艺技术。

第七节　景宁白叶香茗加工工艺技术

景宁白化茶品种春茶中后期鲜叶产量高，白化性状优异，自然品质好。为了改变景宁白化茶产品以高档茶为主的单一种类结构，生产中档产品，满足大众消费者的需求，同时延长产业链，提高经济效益，2019—2020 年景宁县科技人员和生产企业开展技术研究，形成了白叶香茗加工工艺技术。加工的白叶香茗产品经中华全国供销合作总社杭州茶叶研究院国家茶叶质量监督检验中心进行感观评审和生化检测。感观品质：外形条索卷曲较紧结，色泽绿黄尚润；汤色黄绿亮；香气较鲜浓；滋味浓尚鲜爽；叶底尚嫩匀，嫩黄绿亮。生化检测指标：水浸出物 47.2%，茶多酚 15.5%，游离氨基酸总量 6.7%，咖啡因 3.8%。景宁白叶香茗游离氨基酸总量是其他香茶的 2 倍，滋味既浓醇又鲜爽，干茶色泽黄中带绿，产品特色明显，得到专家和消费者的认可，市场售价达 300～400 元/kg ，经济效益明显。

景宁白叶香茗加工工艺：采摘→鲜叶摊放→杀青→摊晾回潮→揉捻→解块→滚炒二青→摊晾→滚干提香→色选分级。

一、采摘

在春茶中后期采摘景白2号鲜叶，以第二次萌发的芽叶为主，一般年份采摘时期在4月下旬至5月中旬。鲜叶质量标准：鲜叶白化性状以黄白色为主，少量绿色，占比20%～25%，鲜叶嫩度以一芽二、三叶为主，芽叶完整、匀净、新鲜，有少量单叶。

二、鲜叶摊放

要求摊青车间通风干燥，室内空气湿度低，雨天要排湿降低湿度，防止摊青叶在潮湿的环境中产生红变，降低鲜叶品质。鲜叶到厂后及时摊放，用摊青槽、专用摊青机等设备进行摊青，不同时间、不同嫩度鲜叶分开摊放。鲜叶摊放厚度11～15cm，鼓冷风摊青，使上下摊青叶失水均匀；适宜用室温摊放，温度15～20℃有利于摊青叶散发水分，促进内含物质转化，每隔1.5～2h上下翻动1次。摊放时间：6～8h。

摊青叶适度标准：由于景白2号品种后期鲜叶梗较细小，叶片较薄，鲜叶含水量较低，摊青叶失水率控制比安吉白叶1号、迎霜、乌牛早等其他品种低，以失水率10%左右为宜，一般感观适度要求：鲜叶表面光泽度下降，叶片开始变软，青草气减退。

三、投叶

用6-60型提升机进行自动投叶，选用慢速挡喂青，适度降低投叶量，做到输叶均匀，有利于鲜叶杀匀、杀透。

四、杀青

采用80、100、110型滚筒连续杀青机进行自动或半自动化杀青。温度：杀青机筒体前端温度控制在260～310℃。杀青量：70～130kg/h，具体根据不同机型、不同厂商生产的滚筒杀青机灵活掌握温度和投叶量。景白2号品种鲜叶加工景宁白叶香茗与其他香茶比较，杀青温度适当降低，投叶量相应减少。

杀青叶适度标准：要求杀匀、杀透，无红梗、无焦边，叶色暗黄带绿，叶质柔软，折梗不断，清香显露，茶条开始卷曲，摊晾后手捏无触手感。

五、冷却回潮

自动化连续机组生产采用快速冷却机进行冷却。鲜叶杀青完成后，输送机将杀青叶匀速送至冷却机组快速冷却，杀青叶冷却后，由斜式输送带送至回潮机自动回潮，回潮时间一般为 50～60min，厚度 13 cm 左右。滚筒杀青机单机杀青，鲜叶杀青完成后，采用吹冷风进行冷却，当叶温与室温等同后，收拢放置到食品级塑料袋中，封紧袋口进行回潮，时间 60～90min。回潮适度标准：杀青叶水分重新分布均匀，芽叶变软，手捏稍成团。

六、揉捻

揉捻是形成景宁白叶香茗外形紧结的主要工序。自动化生产机组杀青叶完成回潮后，通过输送带送到 55 型揉捻机组（4～6 台）进行揉捻。投叶量：以揉捻筒自然装满为适度，一般 55 型揉捻机单个揉捻筒装 30～35kg 杀青叶。揉捻时间根据鲜叶老嫩度、杀青叶含水量决定，芽叶细嫩、杀青叶含水量高的揉捻时间宜适当偏短，芽叶粗老、杀青叶含水量低的揉捻时间适度延长，一般掌握在 80～100min。揉捻压力控制：以“轻压长揉”为原则，按“轻、重、轻”顺序交替进行加解压，根据需要循环 2～3 次。出叶前不加压揉捻 4～5min，起到理条和解块作用。揉捻适度标准：揉捻叶成条率达到 90%～95%，茶汁稍有挤出附于叶表面。

七、解块

景白 2 号品种鲜叶含水量较少，揉捻叶不易成团，一般不需要用解块机松解茶团，可以在滚二青工艺中自行解块，有利于减少成品茶碎末，提高折率。

八、滚炒二青

根据需要选用 80、100、110 型二青机。二青机温度达到要求后，揉捻叶经输送机送至二青机前端筒口，均匀将揉捻叶自动投入二青机滚筒中，揉捻叶经过二青机连续滚炒至滚筒出叶端，出叶后经过平输机和提升机将经过滚炒的二青叶输送至二青机前端筒口二次投叶，如此循环滚炒直到二青叶达到适度标准，下机摊晾。温度控制：先高后低，一般前期叶温 70℃左右，后期叶温 60℃左右。时间：30～35min，滚二青总投叶量：30～35kg 揉捻叶。滚二青技术要求："高温、快速、少量、排湿"，在二青机出叶口安装风扇，降温排湿，利于提高品质。二青适度要求：手捏茶条有触手感，松手后茶条易伸展，含水量 10%～12%。

九、摊晾

二青叶滚炒完成下机后，叶温较高，要及时薄摊在卫生干净的地方，吹冷风摊晾散热，摊晾到叶温和室内温度相同后收集放入袋中，敞开袋口，防止二青叶闷黄。

十、滚干提香

二青叶经提升机上料进入 80 型滚筒炒干机循环滚炒，前期用适温干燥，叶温以 60℃为宜，滚干到九成干左右，进入提香阶段，升高温度，当叶温达到 75℃时，连续滚炒 4～6min 至提香叶含水降为 5%，滚干提香完成，快速下机，薄摊冷却。

十一、色选分级

提香叶摊晾后，白叶香茗成品条索如果粗细不统一，可以用色选机进行色选分级，剔除茶梗、粉末、黄片等，然后将成品茶进行分级装袋入库。

图书在版编目（CIP）数据

景宁白化茶生产技术/刘建平主编．—北京：中国农业出版社，2021.1

ISBN 978-7-109-27786-1

Ⅰ．①景…　Ⅱ．①刘…　Ⅲ．①茶叶—栽培技术—景宁畲族自治县　Ⅳ．①S571.1

中国版本图书馆CIP数据核字（2021）第022465号

中国农业出版社出版

地址：北京市朝阳区麦子店街18号楼

邮编：100125

责任编辑：石飞华　张　利

版式设计：杜　然　　责任校对：赵　硕

印刷：中农印务有限公司

版次：2021年1月第1版

印次：2021年1月北京第1次印刷

发行：新华书店北京发行所

开本：880mm×1230mm　1/32

印张：3.25　　插页：4

字数：90千字

定价：40.00元